丝巾·披肩·围巾的系法

（日）和田洋美 著 杜娜 译

How to wear a scarf, stole and muffler

U0307520

中国民族摄影艺术出版社

前言

学会轻松愉快的系丝巾也是
向时尚的潮流靠拢

"虽然也很向往系丝巾，但是系后效果好像不是太好"，"也有丝巾，但是不太会系，系法好像很难"，"不知道如何与衣服搭配"等等，似乎许多女性因为上述的原因而对丝巾采取一种"敬而远之"的态度。我想，读过本书之后，这些女性对丝巾的态度大概就会有所改变了。

丝巾有许多种类，当然也有许多系法。即使是相同的系法，换成另一条丝巾，也会产生不同的效果，为您营造出或是休闲，或是雅致的万种风情。当然，丝巾也有比较难的系法，但是只要学会其中最基本的四、五种系法就完全够用了。可以与许多造型相配，搭配的范围也很广。

不要把系丝巾想象成一件很难的事。先拿来一条丝巾放在手里，认真地看它的质地与花纹图案。是不是单纯的欣赏丝巾就已经让您兴奋不已了呢？然后再把丝巾绕到脖子上，站到镜子前，您会发现镜中的自己因丝巾的衬托而变得更加美丽动人了。

丝巾和小配饰、手提包、靴子等一样也是时尚潮流的一部分。轻松愉快的享受佩戴丝巾带给您的快乐吧。

本书的使用方法

丝巾因大小和用途的不同分为四类，
在这里分别向您介绍一下每种丝巾简单、实用、
具有代表性的系法。
而且，本书中还记有丝巾与衣领的搭配方法，
利用丝巾提升个人魅力指数的建议，
以及大量有关丝巾与服饰搭配的小技巧。

**模特佩戴丝巾
的照片展示**

通过模特照片的展示介绍此
种技法所使用的丝巾

系法名称

基本的系法、折法与佩戴方法、
以及佩戴后的效果。

系法介绍

介绍此种系法的丝巾展示形象，
适合此系法的丝巾的花色图案
与质地，以及搭配的技巧等等。

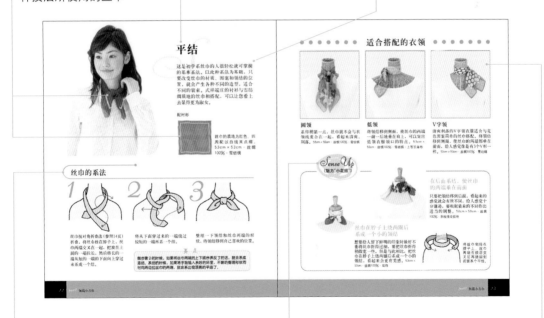

丝巾的系法

用插图和文字结合的方式来做
解说。要点部分会向您介绍如
何系出漂亮效果的小窍门。

Sense Up (魅力 "小花招")

向您介绍以左页的系法为基础，
通过使用不同质地的丝巾，或
是稍稍改变一下丝巾结的位置
而产生的不同效果。由此使丝
巾搭配的范围得到了扩大。

适合搭配的衣领

介绍适合与此种系法搭配的
衣领以及搭配时的一些时尚
小建议。

$\mathcal{C}$ontents

丝巾、披肩、围巾
的系法

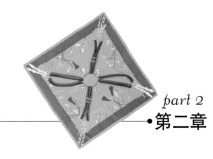

佩戴披肩和围巾

根据衣领来寻找合适的搭配

index ● 系法检索

小贴士：充分享受丝巾带来的乐趣

prologue
序 言

丝巾的基本种类与特征

　　一块简单的布却拥有时尚变化的元素，可以有各种的变化，这就是丝巾。丝巾在颜色、图案、形状、质地等方面有许多不同的种类，常常会让人有眼花缭乱的感觉。如果能够事先了解丝巾的基本种类和使用方法，选择起来就会方便多了。挑选一条最适合自己气质的丝巾，用这条丝巾来提升自己的魅力指数吧。

- 丝巾的形状与尺寸
- 丝巾的材质与编织
- 丝巾的图案与设计
- 基本的折法
- 基本的系法
- 折法和系法　基本搭配组合
- 配合丝巾使用的小配饰

丝巾的形状与尺寸

丝巾主要有正方形和长方形两种，尺寸大小则有许多种类。丝巾形状不同系法也各有不同。丝巾的尺寸不同，佩戴后看起来的感觉也不同。小一点的丝巾携带方便，可以很容易的装进化妆包里，适合作休闲打扮。大一些的丝巾大都很长，系后一般都比较容易产生丝巾褶，适合与优雅华美的装束相配。在这里向您介绍一下各类形状不同的丝巾的不同使用方法以及佩戴后的不同效果。

正方形

88cm × 88cm

53cm × 53cm

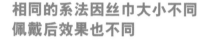

相同的系法因丝巾大小不同佩戴后效果也不同

正方形丝巾既有可以将丝巾大面积展开的系法，又有可以将丝巾折叠成细条状的系法，它的特点是造型丰富。只要有一条方巾，就能塑造出十几种造型，很容易让人产生成就感。根据方巾尺寸的不同，主要分为两类。尺寸为53cm×53cm的小方巾和尺寸为88cm×88cm的大方巾。小方巾适合作休闲打扮，大方巾适合公司职员佩戴以及出席正式的场合时佩戴。最近又出现了60cm×60cm，70cm×70cm，90cm×90cm大小的方巾。为使各位女性朋友们根据体形和气质来挑选方巾，又增加了不少的选择。

长方形

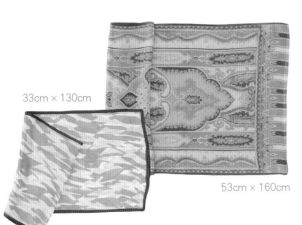

33cm × 130cm

53cm × 160cm

丝巾大小不同佩戴后效果也不同

长方形的丝巾又被称为长丝巾。长丝巾既可以像方巾那样做斜角的折叠，又可以将丝巾的两端长长地垂下来，搭配造型丰富。而且长丝巾的材质也有很多种，既有在宴会上使用的质地优良的高级材质，也有适合作休闲打扮的风格较为粗糙的材质，还有具有民族风情的材质等许多种类。丝巾大小不同，系出来后的感觉也不同。所以最好一边照镜子一边选择适合自己的丝巾。

其他的丝巾

两端经过精心设计的长丝巾

两端设计成剑尖形状的丝巾

长丝巾的两端一般都经过精心设计。或是设计成诸如剑尖的形状，或是在两端缀上荷叶边，或是设计成花瓣的形状等等。但无论哪一种设计，只要简简单单地把长丝巾往脖子上一绕，都能恰到好处的与其他服饰得到搭配。建议刚开始学习系丝巾的人最好使用长丝巾。

丝巾的主要形状与尺寸		
正方形	小方巾	53cm × 53cm
		58cm × 58cm（中心尺寸）
		65cm × 65cm
	大方巾	78cm × 78cm
		88cm × 88cm（中心尺寸）
		90cm × 90cm
		102cm × 102cm
长方形	长丝巾	25cm ～ 33cm × 130cm
		25cm ～ 53cm × 160cm
		35cm × 200cm

丝巾的材质与编织

丝巾因材质、编织方法以及织线的种类不同，编织后的花纹也各不相同，看起来感觉也有很大差异。这些都决定了丝巾的手感、质感、重量以及张力的不同。而且，不同的丝巾还有不同的保养方法。因此，在挑选丝巾之前，最好要掌握一些与此相关的基础知识。

材质的特点

布料主要分为丝绸和毛等自然材质的天然纤维和使用石油等人工材质的化学纤维两种。

丝绸

编织丝巾时用得最多的一种材质。丝绸制成的丝巾有光泽且多带有自然的褶皱，看起来非常的漂亮，且富有垂感，适合在正式场合佩戴，并且由于是由天然材料制成，不会引起静电，保温性好。虽然自己在家也可以清洗，但最好是送到洗衣店去洗。丝绸制丝巾很容易被虫蛀，因此在收藏丝巾时一定不要忘了放防虫剂。

麻

盛夏时节，麻制丝巾最受欢迎，不仅佩戴后感觉清爽，看起来也是相当的清爽，非常适合与夏装搭配。对长期处在装有空调的环境中的女性朋友来说，麻制丝巾是必不可少的。但是麻制丝巾很容易起皱，所以佩带时要多加注意。轻轻折叠的话，应该就不会起皱了。

毛

多用于制成披肩和围巾，在极少数的情况下会被用来制丝巾。其特点是保暖性非常好，多用于制做秋冬季节的服饰。比较而言，羊毛制的围巾比较容易清洗，自己在家就可以清洗了，且保养也很简单。但要注意清洗的方法，如果把方法搞错了，围巾就会缩水变小。毛料中，开司米、安哥拉兔毛、羊驼呢等高级纤维容易变形，所以建议您最好把这类制品的围巾送到洗衣店去清洗。

化学纤维

聚酯、丙烯基和尼龙等化学纤维制成的丝巾很便宜，因而非常普及。这类化学纤维制成的丝巾保养方法各不相同，选购时注意确认一下丝巾的材质。另外，因化学纤维存在特殊的用途，使得这类丝巾在某些场合也大受青睐。比如：有专门在运动时使用的化学纤维丝巾，吸汗且干得非常快。还有防晒用的UV化学纤维丝巾等。建议您根据使用用途的不同来选购这类丝巾。

棉

棉制丝巾透气、吸汗，最适合在春夏季节佩戴。棉料多见于有民族风情的长丝巾，特点是适合作休闲打扮。草木染的棉制丝巾在清洗时会褪色，注意不要与其他衣物放在一起清洗，避免其他衣物被染色。

混纺

由两种以上的材料制成的材质称为混纺。通常都是为了形成材质独特的手感，或是为求染色容易些，或是为降低价格等而被使用。并且，也有经、纬线分别用两种以上不同的线来编织的。

编织的特点

织法基本上分为平纹、斜纹和缎纹三种。配合机器来织，改变线的粗细和韧度，能织出各种各样不同手感的丝巾。

●斜纹织物

特点是织出来的花纹是斜着的，是织方巾必用的织法，织出的方巾带有柔和的光泽和适度的张力，方巾系出来的领结也很漂亮。

●缎纹织物

表面带有柔和的光泽，适合在正式场合佩戴，也可以和连衣裙搭配。此种织物质地一般都比较厚，如果用来做丝巾，则是用细线编织，给人感觉非常的柔和。

●雪纺绸／平纹织物

特点是轻薄透明，不易出褶皱。质地很轻，可以形成很漂亮的丝巾褶，是一种很能体现出女人味的织法。需要注意的是，此种丝巾不易与富有垂感的套装相搭配。

●双绉／平纹织物

表面上有细小的皱缩花纹，也叫做法式绉绸。因为皱缩花纹的缘故，此种织物不太富有光泽。特点是图案的线条看起来十分柔和。

●上等亚麻细布／平纹织物

质地轻薄透明，多用棉制成。适合与夏装搭配。此种质地的带有图案的丝巾，因织法的缘故图案稍显厚重。建议使用能够突出此种面料特点的系法。

●棉纱布／平纹织物

粗糙的网状织法，特点是轻薄透明、手感清爽。建议在春、夏、秋三季佩戴。不易起皱，建议与休闲装束搭配。

●钱布雷绸／平纹织物

经线为色纱，纬线为漂白纱。花色如霜降，给人一种柔和的感觉。

●乔其纱／平纹织物

经线、纬线均为数条单丝拧成的线，带有皱缩花纹。表面的皱缩花纹感觉就像梨的表面一样粗糙，因此又被称为梨纹织物。手感粗糙，给人一种高雅优美的感觉。

●提花织物

将几种编织方法混合到一起来织出图案的织法。即使是只用一种颜色的线织出的图案，也会给人一种高雅的感觉。之后还可以进行染色，能形成更为复杂的图案。也有只将图案部分进行染色，使图案突出的织法。

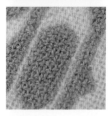

●混合

将几种编织方法混合到一起的织法。整体交错开来织，可以织出条纹状的图案。也可以将丝巾两端的织法做一下变动，将两种布料缝合到一起。感觉异常华美。

丝巾的图案与设计

一条丝巾可以有许多图案。方巾多带有镶边，图案居中；或是图案整体对称，由中心向四周延展开来；或是大图案，或是小图案，根据图案类型的不同，方巾系后的效果也不同。长丝巾一般都是整体对称的图案，两端都经过精心的设计，有比较别致的样式。同时还有编织出来的图案，缀上串珠、刺绣等设计，种类十分丰富。

印花

以马具和宝石为主题的传统图案，也有几何、方格、条纹、水珠等朴素简单的图案，还有一些比较华美的图案和佩斯利涡旋图案。

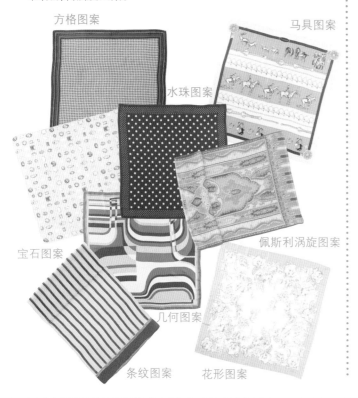

方格图案

马具图案

水珠图案

宝石图案

佩斯利涡旋图案

条纹图案　几何图案　花形图案

编织图案

靠织法使线凸显出来而形成的图案。或是事先将线染色，然后再编织进去，可形成方格或条纹的图案。

靠光线的变化使图案浮现出来

千鸟格编织图案

串珠·刺绣

在丝巾上缀上串珠、圆形亮片、小亮钻，或是绣上刺绣图案，可以让丝巾变得更加华美。

小亮钻

刺绣

基本的折法

一般都是先将丝巾折叠起来，然后再系。需要事先了解清楚的是：即使是相同的系法，丝巾的折叠方法不同，系后的效果也不同。丝巾的折法会在很大程度上左右丝巾系后的造型与效果，所以在折丝巾的时候一定要认真对待才可以。丝巾的角偏了，图案中心就会露出来，让人感觉丝巾就像戴歪了一样。丝巾折歪了，系出来的领结容易松散。为了能够让众多的女性朋友系出漂亮的领结，在这里向大家介绍一下丝巾的基本折法。

使用可以突出长度的对角线，特点是折后成带状，容易系

对角折叠法

适合使用的丝巾：正方形丝巾

可以将丝巾大面积展露出来的一种折法，想将丝巾的图案花纹展示出来的时候可采用此种系法

三角形折叠法

适合使用的丝巾：正方形丝巾

1 将丝巾展开，里朝上，面朝下，相对的丝巾两角向中心折，如果中心点偏了的话，对角折过来的距离就不会相等，所以一定要注意不要使中心点偏离，剩下的两角平铺即可。

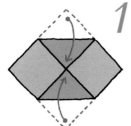

2 折过的角再向中心折一次。

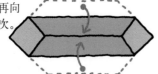

3 再折一次，折到原宽度的1/3宽。

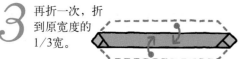

4 再折到原宽度的1/3宽。如果不想让丝巾折得过细的话，可以少折一些。

1 将丝巾展开，里朝上，面朝下，沿对角线处折叠成三角形，注意不要折到想要露出来的角。

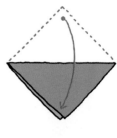

2 丝巾折成三角形后系在脖子上比较容易滑动，如果不想让丝巾折在里面的一角露出来的话，可以将露在外面的一角稍微拉长些。

+a

将三角形的丝巾底边向里折一部分，可以防止丝巾系后在颈上随意滑动。

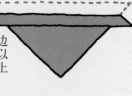

+a 将三角形的丝巾折成褶形，系法同对角折叠法相同。

长丝巾的基本折法
系法严谨、厚实

长方形折叠法

**适合使用的丝巾：正方形丝巾·
长方形丝巾·披肩·围巾**

展露出来的丝巾褶显示了万种风情
重点是感觉华美

褶形折叠法

适合使用的丝巾：正方形丝巾·长方形丝巾

折成2折

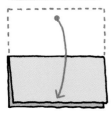

将丝巾展开，里朝
上，面朝下，沿中
心横线对折。

沿长方形对角线
折叠。（双层三
角形折叠）

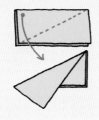

1 将丝巾展开，里朝上，
面朝下，从一端开始按
照5cm～6cm的宽度将
丝巾折成褶形，一边用
手指用力地按住丝巾的
两端一边折叠。

2 最后折好的丝巾要将
面都露出来，两端用
夹子一类的东西夹住，
用长丝巾折的话要注
意折的细一些。

折成4折·折成8折

1 将丝巾展开，里朝
上，面朝下，相对
应的两边向中心横
线处折叠。

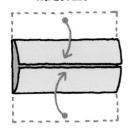

2 两边对齐对折。
（宽度为原丝巾宽
度的1/4）

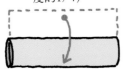

3 再次两边对齐对
折。（宽度为原丝
巾宽度的1/8）

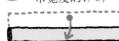

能折出纤细的线条
适合与休闲的装束搭配

麻花形折叠法

适合使用的丝巾：正方形丝巾·长方形丝巾

长方形丝巾

将丝巾折成3折，单手握
住丝巾的一端，另一只
手将丝巾拧成麻花状，
也有将丝巾在对角线处
折叠后再拧成麻花状的。

折成3折

将丝巾展开，里朝
上，面朝下，均等
的折成3折。

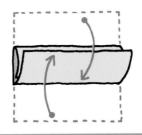

正方形丝巾

将丝巾按对角折叠法（参
照左页）折叠，握住两端
将其拧成麻花状，握住两
端，可以避免使折叠好的
丝巾松散开来。

基本的系法

在这里向您介绍的 6 种系法是每个人都能立即学会的简单系法。只要学会这 6 种系法，再配合上丝巾长度的变化和领结位置的变化，就能创造出十多种造型。如果再配合上不同的折叠方法，就会产生几十种不同的造型。首先要认真的学好这 6 种基本系法。只要掌握了这些系法，您就可以轻松享受到丝巾带给您百般变化的乐趣了。

非常简单的一种系法
还可以用胸针将丝巾固定住

单结

正方形丝巾的基本系法
可以将经对角折叠法折叠后的丝巾的一角的风情展露出来

平结

1 将丝巾挂在脖子上，丝巾两端交叉在一起，把放在上面的一端拉长，然后将长的一端从短的一端的下面向上穿过去系成一个结。

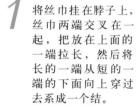

2 整理一下丝巾的形状。

1 将丝巾挂在脖子上，丝巾两端交叉在一起，把放在上面的一端拉长，然后将长的一端从短的一端的下面向上穿过去系成一个结。

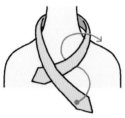

2 将从下面穿过来的一端绕过较短的一端再系一个结。

3 整理一下领结和丝巾两端的形状，将领结移到自己喜欢的位置。

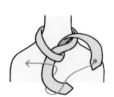

与平结比起来要稍微小一些
可以以此系法为基础来系出单翼蝴蝶结

环形结

2 将领结固定住，移到自己喜欢的位置。

1 在丝巾的一端系一个结，注意不要顶头系，要留出一段距离。然后将丝巾挂在脖子上，将没有系的一端穿过另一端系好的结。

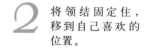

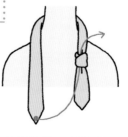

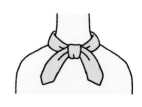

适合淑女装束
领结较为显眼 因而要仔细小心地系

蝴蝶结

适合比较男性化的装束
领结不要系得太紧 休闲装束也适用

领带结

1 将丝巾挂在脖子上，丝巾两端交叉在一起，把放在上面的一端拉长，然后将长的一端从短的一端的下面向上穿过去系成一个结。

2 将丝巾较短的一端向着反方向做成一个环的形状，然后将刚才从下面穿过来的丝巾的一端绕过这个环，将这一端丝巾的中间部分从上面穿过去，系成一个蝴蝶结。

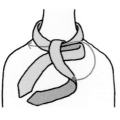

3 整理一下蝴蝶结的形状，将蝴蝶结移到自己喜欢的位置。

1 将丝巾以左右长度比为3：1的比例挂在脖子上，将长的一端先从短的一端上面绕过去，然后再从下面绕回来。

2 再将长的一端从短的一端上面绕过去，然后从短的一端挂在脖子上的那部分下面穿上来。

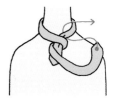

3 将长的一端穿过正面的环。

4 将短的一端拉好，整理一下领结的形状。

可以增加冷静气质的单翼蝴蝶结
左右形状不对称，感觉灵动飘逸

单翼蝴蝶结

1 将丝巾挂在脖子上，丝巾两端交叉在一起，把放在下面的一端拉长，然后将短的一端从长的一端的下面向上穿过去系成一个结。

2 将丝巾较长的一端向着反方向做成一个环的形状，然后将刚才从下面穿过来的一端绕过这个环，从上面穿过去。

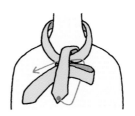

3 整理一下蝴蝶结的形状，将蝴蝶结移到自己喜欢的位置。

折法和系法　基本搭配组合

| 对角折叠法 | ✛ 单结 | ✛ 平结 | ✛ 环形结 |

| 三角形折叠法 | ✛ 平结 | ✛ 平结 | ✛ 环形结 |

| 长方形折叠法 | ✛ 单结 | ✛ 单结（+丝巾卷2次） | ✛ 环形结 |

14～17页介绍的是丝巾的 5 种折法与 6 种系法的基本搭配组合。
简单的折法与系法搭配在一起，就能创造出许多不同的造型。

单结
（+扇形折叠法）

平结

蝴蝶结

蝴蝶结

平结

环形结

配合丝巾使用的小配饰

小配饰的作用有很多。既可以将它别在丝巾最显眼的位置，也可以利用小配饰将丝巾别到一起，起到了代替领结的作用。最重要的是这些小配饰可以为您的丝巾增添亮点。小配饰的种类也有很多。从丝巾专用的小配饰到其他各种类型的小配饰，种类繁多。赶快在您的丝巾上别上一枚小配饰，提升您的魅力指数吧。

丝巾扣

非常简单地就可以将丝巾的两端扣在一起，是一个非常实用方便的小配饰。

丝巾夹

可以将丝巾叠放在一起的部分夹住，虽然看起来很像胸针，但因为是夹子，不会在丝巾上留下洞眼，所以适合搭配比较贵重的丝巾。

丝巾套环·戒指（9号）

把丝巾的两端从同一方向一起穿过套环即可。市面上就售有这种丝巾专用的套环。如果没有的话，用9号大小的戒指来代替也可以。

胸针·别针

可以将丝巾叠放在一起的部分别住，同时还具有配饰的作用，使用方法很多。
注：在佩戴胸针时，一定要将胸针别在不太起眼的地方。注意不要将丝巾弄破。用手指将别胸针的地方抚平。

项链·垂饰

套在系好的丝巾上即可。适合搭配可以将丝巾大面积展示出来的系法。

橡皮筋

不用系领结，直接用橡皮筋把丝巾绑起来即可。注意要选择颜色与丝巾相配的橡皮筋。用设计比较特殊的橡皮筋来绑丝巾也可以。

part 1

第一章

佩戴小方巾

小巧易系的丝巾
非常适合休闲装束。
与平日里常穿的衣服也能得到很好的搭配,
此种丝巾轻轻松松就可以保养得当,
建议初学系丝巾的人使用。
也可用印染花布制成的头巾或大一些的
手绢代替。

小方巾	尺寸为50cm～60cm的正方形丝巾
	一般大小为58cm × 58cm

平结

这是初学系丝巾的人很轻松就可掌握的基本系法。以此种系法为基础，只要改变丝巾的材质、图案和领结的位置，就会产生各种不同的造型，适合不同的装束。式样端庄的衬衫与雪纺绸质地的丝巾相搭配，可以让您看上去显得更为淑女。

配衬衫

丝巾的质地为红色，四周配以白线来点缀。53cm×53cm·丝绸100%·雪纺绸

丝巾的系法

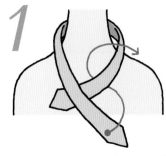

丝巾按对角折叠法（参照14页）折叠，将丝巾挂在脖子上，丝巾两端交叉在一起，把放在上面的一端拉长，然后将长的一端从短的一端的下面向上穿过来系成一个结。

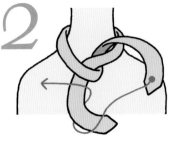

将从下面穿过来的一端绕过较短的一端再系一个结。

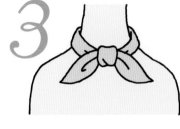

整理一下领结和丝巾两端的形状，将领结移到自己喜欢的位置。

 要点

做步骤2的时候，如果将丝巾两端的上下顺序弄反了的话，就会系成竖结。系结的时候，如果将手指插入好的环里，不断地整理形状同时向两边拉丝巾的两端，就会系出很漂亮的平结了。

适合搭配的衣领

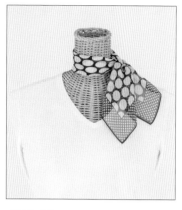

圆领

系得稍紧一点，丝巾就不会与衣领线重合在一起，看起来清爽、利落。58cm×58cm·丝绸100%·雪纺绸

低领

将领结移到侧面，使丝巾的两端一前一后地垂在肩上，可以突出低领衣服领口的特点。53cm×53cm·丝绸100%·雪纺绸·上等业麻布

V字领

清爽利落的V字领衣服适合与花色图案简单的丝巾搭配。将领结移到侧面，使丝巾的两端都垂在前面，给人感觉像是有3个V形一样。53cm×53cm·丝绸100%·雪纺绸

Sense Up （魅力"小花招"）

在后面系结，使丝巾的两端垂在前面

只要把领结移到后面，看起来的感觉就会有所不同，给人感觉十分谦逊，要根据装束的不同作出适当的调整。58cm×58cm·丝绸100%·斜纹提花织物

丝巾在脖子上绕两圈后系成一个小的领结

想要给人留下鲜明的印象时最好不要将丝巾折得过细，要把丝巾折得稍微宽一些。但是与此相比，把丝巾在脖子上绕两圈后系成一个小的领结，看起来会更有美感。53cm×53cm·丝绸100%·双绉

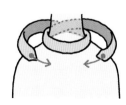

将丝巾倒挂在脖子上，丝巾两端在颈后交叉后再绕回到前面系个平结。

水手结

一种非常简单的系法，一般年轻女孩子多采用此种系法，看起来非常的青春、有活力。用饰有镶边的丝巾来系的话会突出水手结的造型，能给人留下深刻的印象。如果丝巾的颜色与衣服的颜色完全相同的话，会让人感觉您穿的是套装。

配针织衫

暗红色的质地与米色的logo图案搭配，营造出一种高雅的氛围。58cm×58cm·丝绸100%·斜纹织物

丝巾的系法

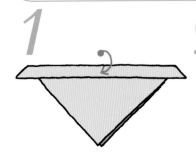

丝巾按三角形折叠法（参照14页）折叠，三角形底边稍微向里折一些。

要点

底边稍微向里折一些，可以非常自然顺畅的形成丝巾褶。而且背后的三角形看上去也会非常漂亮。

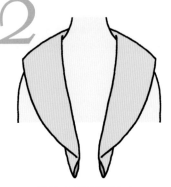

将丝巾挂在脖子上，注意折起来的底边要放在内侧，然后使丝巾两端长度一致。

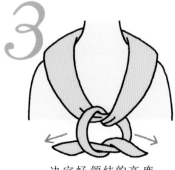

决定好领结的高度，然后系一个平结。

要点

为使衣领与丝巾得到最好的搭配效果，建议您一边照镜子一边进行调整，最后决定一下领结的高度。

适合搭配的衣领

圆领
水手结与圆领衣服搭配能得到很好的搭配效果。53cm × 53cm · 丝绸100％ · 斜纹织物

V字领
沿着领口较浅的V字领线来系，可以突出V字领。适合与样式简单的衣服相搭配。53cm × 53cm · 丝绸100％ · 斜纹织物

Sense Up
（魅力"小花招"）

将丝巾两端的细带松松地系在一起

用小方巾来系水手结，造型美丽，一眼就能给人留下深刻的印象。用两端经过特殊设计，带有细长带子的丝巾来系，能够形成比较松弛的丝巾褶，感觉华美。普通样式的丝巾配上独创的细带会有不错的效果。58cm × 58cm · 丝绸100％ · 斜纹织物

小贴士

将小方巾插入口袋中

在套装上衣的口袋里插上一条手绢可以让您看起来非常时尚。用小方巾来代替手绢使用，既可以丰富造型，又能营造出多种风情。

✳ 三角形

1 将丝巾对折成一个对称的三角形，然后再对折一次。

2 丝巾的一角向上折，注意不要与对角重合，要错开，另一角稍错开一些也向上折，使三个角全部都错开。

3 将折好的丝巾放入口袋中，丝巾的大小与口袋不符的话，按照口袋的大小再进行调整。

✳ 花形

1 将丝巾相对的两面错开对折。

连结

2 在整条丝巾的中心部位打个结。

3 将丝巾放入口袋中，整理一下丝巾的形状。

蝴蝶结

在颈间系一个小巧可爱的蝴蝶结，活泼可爱。为了能更加充分地显示出蝴蝶结的可爱之处，建议您选用点状图案的浅色丝巾。系成蝴蝶结状的丝巾看起来十分显眼，与衣领相搭配，互相衬托，相得益彰。

配针织衫

花形轮廓的图案再点缀上小圆点的图案，设计独特。58cm×58cm·丝绸100%·双绉

丝巾的系法

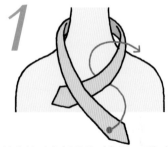

丝巾按对角折叠法（参照14页）折叠，将丝巾挂在脖子上，丝巾两端交叉在一起，把放在上面的一端拉长，然后将长的一端从短的一端的下面向上穿过去系成一个结。

> **要点**
> 因为要用长度较短的丝巾系出比较小巧的蝴蝶结，所以第一个单结要系得稍微紧一些。

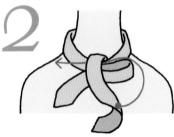

将丝巾较短的一端向着反方向做成一个环的形状，然后将刚才从下面穿过来的丝巾的一端绕过这个环，将这一端丝巾的中间部分从上面穿过去，系成一个蝴蝶结。

整理一下蝴蝶结的形状，将蝴蝶结移到自己喜欢的位置。

适合搭配的衣领

圆领

可以将带有休闲风格的女装演绎得更为时尚高雅。注意要使用带有直线条纹图案的丝巾。65cm×65cm·丝绸100%·双绉

方领

用颜色靓丽可爱的丝巾来搭配颇显女人味的方领衣服。53cm×53cm·丝绸100%·雪纺绸

V字领

恰到好处地衬托出V字领的直线条。由淡绿色渐变到卡其色的晕色图案，使系在脖子上的丝巾部分与领结的部分颜色各不相同，表情生动活泼。58cm×58cm·丝绸100%·缎纹织物条形图案

Sense Up
（魅力"小花招"）

将丝巾细细地卷起来后再拧成麻花状

小方巾系出来的蝴蝶结特点是小巧。如果想让蝴蝶结更为突出明显，只要将缠绕在颈间的丝巾卷得更细一些就可以了。两者的对比可将蝴蝶结衬托得大一些。53cm×53cm·丝绸100%·斜纹织物

将丝巾两端插入蝴蝶结中，做成"蝴蝶领结"

将系成蝴蝶结状的丝巾露在外面的两端插入系好的结中，使其不外露。适合传统图案的丝巾。58cm×58cm·丝绸100%·双绉

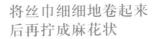

将两端插入系好的结的后面，一边照镜子一边小心整理。注意不要使其外露。

丝巾按三角形折叠法（参照14页）折叠，将丝巾从顶角开始向三角形底边细细地卷过去，然后用手握住丝巾的两端，将丝巾拧成麻花状。再将丝巾挂在脖子上。

牛仔结

系法如其名，系后会给人留下一种热情活跃的印象。根据丝巾材质以及花色图案的不同，系后的效果也会有所不同。粉色质地的丝巾点缀上闪闪发光的小亮钻，非常具有女性美。丝巾系好后，要整理一下丝巾褶，这样会突出丝巾的花色图案。

配针织衫

刺绣纹样的图案配上闪闪发光的小亮钻，设计醒目，突出。58cm×58cm·丝绸100%·钱布雷色布

丝巾的系法

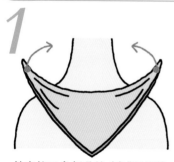

丝巾按三角折叠法（参照14页）折叠。

将颈后的丝巾的两端系成一个平结。

整理一下丝巾褶的形状。

要 点

此种系法会将丝巾大面积地展示出来。所以在系之前一定要事先想好想将丝巾哪个部分的图案露在外面。

适合搭配的衣领

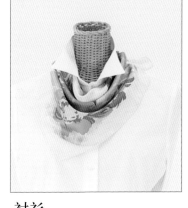

圆领

建议您最好穿领口开得较小的衣服。然后将系好的丝巾稍微向侧面移一些。这样的话，衣领线就不会露出来了。53cm×53cm·丝绸100%·斜纹织物

衬衫

将丝巾结松松地系在领子下面，可以让您看起来更具成熟魅力。此种搭配适合使用花色图案较大的丝巾。将丝巾系在领子里面也可以。58cm×58cm·丝绸100%·斜纹提花织物

带领套装

丝巾看起来就像是穿在套装里面的衣服。适合使用单一的几何形图案的丝巾。65cm×65cm·丝绸100%·双绉

Sense Up（魅力"小花招"）

用垂饰来点缀

将项链等垂饰套在系好的丝巾上效果也不错。垂饰的重量可以压住丝巾褶，搭配在一起，时尚华美。53cm×53cm·丝绸100%·斜纹织物

用胸针来点缀

此种系法会将丝巾大面积地展示出来。花色图案朴素的丝巾只要别上一枚胸针就会立刻显得与众不同了。58cm×58cm·丝绸100%·斜纹织物

领带结

小领带结造型漂亮可爱，能显示出少女的童心无限，最适合与外出游玩的装束相配。衬衫上面的衣扣解开一个，能营造出一种休闲的感觉。选用饰有镶边的丝巾，会使领带结的形状更加醒目。本图片向您展示的丝巾的图案带有传统绅士所佩戴的领带的风情。

配衬衫

丝巾以深色框锁边，以各式彩色方块为图案。58cm×58cm·丝绸100%·双绉

丝巾的系法

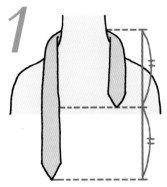

1
丝巾按对角折叠法（参照14页）折叠，然后将丝巾以左右长度比为2∶1的比例挂在脖子上。

2
将丝巾长的一端里面翻转过来，放到短的一端的下面，然后将长的一端面朝上，从短的一端上面绕过去。

3
将绕过来的部分从缠绕在脖子上的长的一端的下面穿过去。

要点

按照对角折叠法折叠，如果使丝巾的宽度变为原来的1/2的话，衣领看起来就会显得更加利落、整洁。

适合搭配的衣领

高领

虽然一般都认为领带与衬衫最为相配，但实际上此种系法与高领衣服配在一起也有不错的效果。要点是要使丝巾的两端长度一致。然后将丝巾的两端展开。53cm×53cm·丝绸100%·斜纹织物

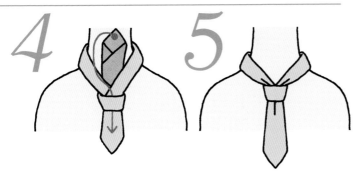

将穿过来的一端从前面的环穿过去。

把丝巾短的一端拉好，整理一下领带结的形状。

改变丝巾材质
塑造轻盈飘逸的形象

领带结一般都是带有一些男士风格，只要换成雪纺绸或蝉翼纱等轻薄质地的丝巾，立刻就会让你变得富有女人味了。58cm×58cm·丝绸100%·上等亚麻细布

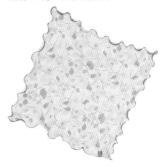

用荷叶边的丝巾来系领带结，丝巾仿若随风轻轻飘动，给人一种轻盈、飘逸的感觉。67cm×67cm·丝绸100%·雪纺绸

环形蝴蝶结

这是一款能够提升您的时尚魅力指数的系法。系好的环形蝴蝶结左右形状不对称，适合从休闲场合到正式场合的各种装束。将蝴蝶结稍向侧移，把丝巾的两端放在前面，造型会更加优雅美丽。用质地轻柔的丝巾来系，会将您的气质衬托得更为温婉可人。

配女衫

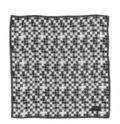

丝巾以红、黑、白三色搭配组成，颇具个性。材质轻薄，能衬托出温柔气质。53cm×53cm·丝绸100％·雪纺绸

丝巾的系法

1

约10cm

丝巾按对角折叠法（参照14页）折叠，在丝巾的一端留出约10cm左右的距离，然后在此处系一个松松的结。

2

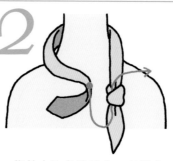

将丝巾挂在脖子上，在没有系结的一端做出一个环，从另一端的结穿过去。

3

把结系牢，整理一下丝巾的形状，把领结移到左侧或是右侧。

要　点

折叠时再对折一次，使丝巾的宽度变为原宽度的1/2，然后再系成环形蝴蝶结的话，看起来会更利落，清爽。

适合搭配的衣领

方领

选择花纹图案较小的丝巾，可以更好地衬托衣领。58cm×58cm·丝绸100％·雪纺绸

V字领

与V字领衣服搭配给人一种很温柔的感觉。与领口开得较深的V字领衣服搭配在一起效果也不错。66cm×66cm·丝绸100％·双绉

衬衫

质地轻薄的丝巾与有领的衬衫搭配，轻盈、飘逸。把衬衫的领子立起来，将丝巾系在外面，这样效果也不错。58cm×58cm·丝绸100％

Sense Up （魅力"小花招"）

松松的系结
让丝巾在脖子上形成一道优美的弧线

将穿过结的一端弄得短一些，就可以让丝巾在脖子上形成一道线条缓和的弧线。搭配领口较窄的衣服与想要塑造出古典美的时候，此种系法最为合适。与质地轻盈的雪纺绸相比，质地稍显沉重的斜纹织丝巾和缎纹织丝巾更适合此种系法，系后的效果也更好。53cm×53cm·丝绸100％·斜纹织物

因为系出来的结会很小，所以要将结移到侧面，使丝巾的两端都由后向前垂。

小贴士

用手绢和印染花布来代替小方巾

想要塑造休闲形象时，不妨用尺寸较大的手绢和印染花布头巾来代替使用。手绢和印染花布头巾的纯棉质地易吸汗，在夏季使用，还有防晒的功用。

本书介绍的这几种小方巾的系法都可以用尺寸较大的手绢和印染花布头巾来系。与丝绸制的丝巾相比，手绢和印染花布的质地较硬。因此在用其系比较小的领结时，一定要事先把手绢和印染花布头巾折细一些。

蝉形宽领带结

一般都是将丝巾放在套装或衬衫的里面。如果是小方巾的话，将丝巾的一端露在衬衫的外面会显得更时尚。花押字图案的丝巾会突出女性优雅端庄的气质。适合与比较小巧的胸针搭配。

配衬衫

花押字图案的丝巾会让人眼前一亮。53cm×53cm·丝绸100％·斜纹织物

丝巾的系法

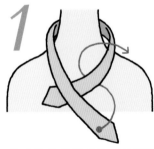

丝巾按对角折叠法（参照14页）折叠，将丝巾挂在脖子上，丝巾两端交叉在一起，把放在上面的一端拉长，然后将长的一端从短的一端的下面向上穿过去系成一个结。

将丝巾穿过来的一端仔细展开，整理一下丝巾的形状。

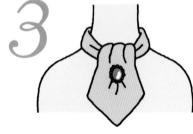

用胸针将丝巾上下两层固定在一起。

要 点

想要将领结系得漂亮，关键是要将领结系得小一些。丝巾上自然的褶痕已经很漂亮了，但如果自己用手再做出一些丝巾褶来的话，还可以缩小整体的大小。

适合搭配的衣领

圆领

搭配样式简单的圆领衣服，即使不将丝巾压住效果也很好。将领结稍微向侧面移一下，更增韵味。53cm×53cm·丝绸100%·斜纹织物

带领套装

蝉形宽领带结与带领套装的搭配是最基本的搭配方式。同时，与领口较浅的带有男士风格的套装配在一起也十分合适。将丝巾压在衣领里面，可以不用别针。要将条纹图案露在外面，看起来就好像是领结的横纹镶边一样。53cm×53cm·丝绸100%·斜纹织物

无领套装

出席正式场合时的最佳选择。将领结系得稍微小巧一些，使得套装与丝巾之间的肌肤能够露出来。53cm×53cm·丝绸100%·斜纹织物

绕2次丝巾就不易松散

用小方巾系的蝉形宽领带结只有一个单结，很易松散。在丝巾上别一个胸针可以将丝巾固定住。如果不想因为别胸针而在丝巾上留下洞眼或是没有合适的小配饰时，建议您采用此种方法来系。58cm×58cm·丝绸100%·双绉

将挂在脖子上的丝巾左右两端长度比例拉大，系完一个单结后将丝巾长的一端再绕一圈。绕2次的话，领结就不易松散了。

换成不同材质的丝巾

用质地轻薄的雪纺绸或蝉翼纱来系蝉形宽领带结，既可以压住领结，又会给人留下轻盈温柔的印象。适合与质地较薄的套装搭配。53cm×53cm·丝绸100%·雪纺绸

麻花结

将围在颈间的丝巾卷得很细，能营造出一种更为休闲的感觉。可以根据需要搭配的衣服，改变丝巾的材质和卷丝巾时的松紧度，改变宽度，这样可以根据时尚要求进行选择。花纹式样简单的丝巾与粗条纹的水手风格的衣服最为相配。

配女衫

丝巾以芥黄色为底色，再配上细碎的花色图案。这样的丝巾无论是在休闲场合，还是在正式场合都很适用。53 cm×53 cm·丝绸100%·斜纹织物

丝巾的系法

1

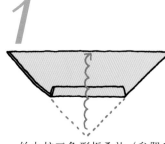

丝巾按三角形折叠法（参照14页）折叠，然后将折成三角形的丝巾从顶角开始向底边细细地卷成带状。

要点

如果是从底边开始向顶角卷的话，拧丝巾的时候，顶角的丝巾会任意滑动，固定不住。所以注意不要把卷丝巾的方向弄反了。

2

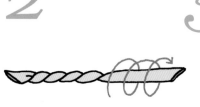

双手握住丝巾的两端，将丝巾拧成麻花状。

3

将拧成麻花状的丝巾挂在脖子上，系两个平结。

要点

如果拧的时候过于用力，麻花状的线条就看不出来了。要根据丝巾的质地适当地调节自己的力度。

适合搭配的衣领

圆领

丝巾沿着衣领线系。将领结移到侧面，使丝巾的两端都垂在前面，会有很好的点缀效果。

5 8cm × 58cm · 丝绸100％ · 雪纺绸

V字领

拧丝巾时，不用太用力，使丝巾稍微宽松一些。这样会让V字领的直线条衣领看起来圆滑一些。

53cm × 53cm · 丝绸100％ · 斜纹织物

衬衫

卷得比较细的丝巾适合搭配有领的衣服。图案花纹较小的丝巾与素色无图案的丝巾都比较适合这种搭配。

53cm × 53cm · 丝绸100％ · 双绉

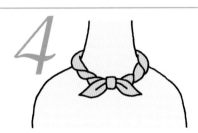

整理一下领结和丝巾的两端，将领结移到自己喜欢的位置。

Sense Up
（魅力"小花招"）

用质地轻薄的丝巾系成环形蝴蝶结

用雪纺绸等质地轻薄的丝巾系麻花结，会给人轻盈飘逸的感觉。将拧成麻花状的丝巾按照环形蝴蝶结（参照32页）的系法来系，更能提升您的魅力指数。搭配衣服的选择范围也增大了许多。

53cm × 53cm · 丝绸100％ · 雪纺绸

将丝巾的一端留出少许距离，打个结、将丝巾拧成麻花状，挂在脖子上。在没有系结的一端做出一个环，从另一端的结穿过去。

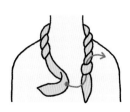

环形结

系出的结比平结还要小，即使是用质地较厚的斜纹织的丝巾，效果也很好，会给人留下优雅、别致的印象。搭配领口开得较大的衣服时，将领结移到侧面，使丝巾的两端一前一后地垂下来，能起到更好的点缀效果。用三色丝巾来搭配，看起来会更加清爽。

配女衫

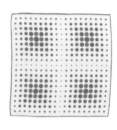

大小不断渐变的水珠样式的图案。根据丝巾折法、系法的不同，会产生各种不同的风情。53cm×53cm·丝绸100%·斜纹织物

丝巾的系法

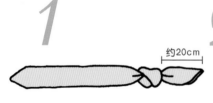

1

约20cm

丝巾按对角折叠法（参照14页）折叠，在丝巾的一端留出约20cm长的距离，然后在此处系一个松松的结。

2

将丝巾挂在脖子上，将没有系结的一端穿过另一端系好的结。

3

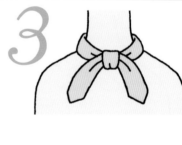

整理一下领结和丝巾两端的形状，将领结移到自己喜欢的位置。

要点

如果想让围在颈间的丝巾稍微紧一些，系第一个结时，在丝巾一端留出的距离要长一些；如果想让围在颈间的丝巾松一些，系第一个结时，在丝巾一端留出的距离要短一些。

适合搭配的衣领

方领

丝巾垂下的一端与方领搭配，形成纵线条，越发能将身材衬托得苗条修长。58cm × 58cm · 丝绸100% · 缎纹织雪纺绸

高领

搭配高领衣服时，要将领结放在正面，感觉传统、端庄。53cm × 53cm · 丝绸100% · 斜纹织物

衬衫

将衣扣解开一个，很显帅气。将领结移到侧面，使丝巾的两端都垂在前面，营造成熟女性的休闲风情。58cm × 58cm · 丝绸100% · 双绉

Sense Up
（魅力"小花招"）

反方向穿过结

将两端和领结沿同一方向垂下，系后的效果会稍有不同。将移到侧面的丝巾的两端都垂到前面的话，采用此种系法最合适不过了。看上去非常自然。53cm × 53cm · 丝绸100% · 双绉

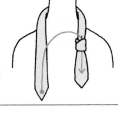

将没有系结的一端从另一端的结内侧穿过。

调节丝巾两端的长短突出丝巾垂下来的线条

打结的时候，将丝巾一端留出的距离稍短一些，穿过这个结的一端就会变长。如果想让丝巾更加醒目、纵线条突出，可以采用此种系法。将丝巾较长的一端垂于胸前，会产生一种不规则的美，能给人留下新鲜、深刻的印象。53cm × 53cm · 丝绸100% · 斜纹织物

小丑结

用小方巾来系，是即使出席派对及晚宴也丝毫不觉逊色的华丽系法。最好选用质地富有张力的丝巾，可以保证系后的丝巾领结形状美丽。用带有镶边的丝巾，更能突出此种系法所特有的富有层次的丝巾褶。

配开襟毛衣

茶色的底色配上白色的小碎花，充分演绎出女性美。58cm×58cm · 丝绸100% · 双绉

丝巾的系法

1

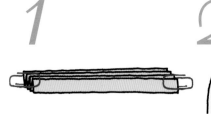

丝巾按褶形折叠法（参照15页）折叠，用两个稍大的曲别针夹住丝巾的两端，注意不要把丝巾夹坏了。

 要 点

往脖子上挂丝巾时，要把能将丝巾的正面露出来的一面放在上面。没有曲别针的时候也可以用夹子来代替。

2

将丝巾挂在脖子上，两端并拢在一处。

3

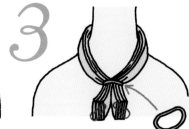

用和丝巾相同色系的橡皮筋把丝巾的两端扎在一起。

适合搭配的衣领

圆领

可以将带有休闲风格的衣领演绎得更为华美。丝巾褶过宽的话，会导致整条丝巾失去平衡感，所以要注意不要将丝巾折得过宽。
53cm×53cm·丝绸100%·斜纹织物

方领

小丑结与方领衣服搭配会让您看上去充满女人味。用质地轻薄的丝巾来系，轻盈飘逸。53cm×53cm·丝绸100%·双绉

无领套装

搭配套装最好选用尺寸稍大一些的丝巾，这样看起来感觉会更加协调。使丝巾的两端都垂在前面，会增加丝巾褶的垂感。66cm×66cm·丝绸100%·双绉

Sense Up
（魅力"小花招"）

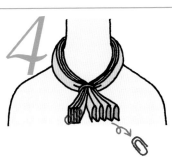

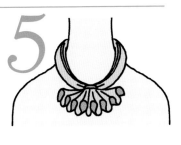

把曲别针拿下来，将丝巾褶展开，整理一下丝巾的形状。

将领结移到自己喜欢的位置。

用丝巾夹把丝巾两端夹在一起

用丝巾夹取代橡皮筋，把丝巾的两端夹在一起，既可以起到压住丝巾的作用，又会添加一种成熟女人的韵味。58cm×58cm·丝绸100%·缎纹提花织物

选择能将您的肤色衬托得更美的丝巾

小贴士

丝巾系在脖子上，离脸部很近，
所以选择一条与自己的脸色相配的丝巾就显得尤为重要。
丝巾既可以将您的肌肤衬托得黯淡无光，也可以将您的肌肤衬托得光彩照人。
我们要了解与自己相配的颜色，努力创造出最佳的搭配组合。
在这里，我们会根据您的肤色与发色向您做出合理化建议。
穿上一件白衣服、或是拿一块白颜色的布置于胸前，
在光线充足明亮的地方，一边照镜子一边回答下面的问题。

最适合自己的颜色判断

1 您的肤色属于下面哪一种?

1. 偏黄的色调

2. 偏粉红的色调

2 您的发色属于下面哪一种?

柔和 ← ③　④ → 深色

3. 明亮的茶色、褐色，看起来颜色很柔和

4. 深茶色、深褐色、黑色

判断结果

1+3	1+4	2+3	2+4
A type 类型A (43页上)	*B type* 类型B (43页下)	*C type* 类型C (44页上)	*D type* 类型D (44页下)

类型A

type

适合与带有春天一样的感觉、明亮透明的颜色相搭配。相反，混沌不清的颜色会使肌肤显得黯淡无光，所以尽量避免此类颜色与脸部靠得太近。

类型B

type

适合与带有秋天一样的感觉、温暖的深色系相搭配。整体感觉祥和、恬静的搭配组合是最好的。

C type

适合与带有冬天一样的感觉、糅和了淡灰色的色调相搭配。建议您在距离脸部较远的身体部位大胆地搭配这种色调，以避免此种色系的孤寂感。

类型D

D type

适合与带有夏天一样的感觉、华丽鲜艳的色调相搭配。即使是花色十分鲜艳亮丽也会给人感觉搭配得很得体。这时，最好搭配式样比较简单的衣服。

part 2

第二章

佩戴大方巾

此种方巾最大的特点就是
可以通过各种折法，
将大方巾变成小方巾、长丝巾
一样使用，
用途广泛，系法也十分丰富，
只要一条丝巾就可以变幻出百般风情。

大方巾	边长为70cm～100cm的正方形丝巾 最常见的尺寸是88cm×88cm

蝴蝶结

大方巾的基本系法。即使是非常简单朴素的装束，只要搭配上此种蝴蝶结，形象会立刻变得华美时尚起来。领结和丝巾的两端会不断泛出丝巾质地的光泽。选择蓝色系的丝巾，会让蝴蝶结显得更为高雅。

配针织衫

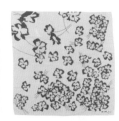

丝巾以淡蓝色为底色，配上红小豆色的花纹图案。整体感觉很时尚。78cm × 78cm·丝绸100%·斜纹织物

丝巾的系法

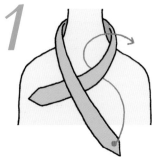

丝巾按对角折叠法（参照14页）折叠，将丝巾挂在脖子上，两端交叉在一起，把放在上面的一端拉长，然后将长的一端从短的一端的下面向上穿过去系成一个结。

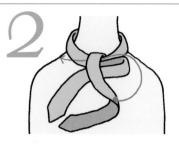

将丝巾较短的一端向着反方向做成一个环的形状，然后将刚才从下面穿过来的一端绕过这个环，将这一端的中间部分从上面穿过去，系成一个蝴蝶结。

整理一下蝴蝶结的形状，将蝴蝶结移到自己喜欢的位置。

将领结系得小一些，丝巾垂下来的两端就会变长，从整体上来看，蝴蝶结就会显得大一些。根据自己身上的装束，适当地调整蝴蝶结的形状。

适合搭配的衣领

圆领

将蝴蝶结移到侧面，整体效果会更加协调。蝴蝶结系得大一些，会给人一种飘逸的感觉。88cm×88cm·丝绸100％·缎纹雪纺绸

V字领

选择直线条纹图案的丝巾来搭配V字领。丝巾两端留得长一些，感觉利落、清爽，印象鲜明。88cm×88cm·丝绸100％·斜纹织物

衬衫

将丝巾折得更细一些，压在领子的下面。根据衣领的大小来决定蝴蝶结的大小。88cm×88cm·丝绸100％·斜纹织物

Sense Up
（魅力"小花招"）

将蝴蝶结移到颈后

想要突出后背的装束打扮时，适合采用此种系法。最适合的搭配发型是短发。因为此种系法系出来的蝴蝶结一般都会很大，为了避免让人看了觉得臃肿，建议您最好选用雪纺绸等质地轻薄的丝巾。90cm×90cm·丝绸100％·雪纺绸

用褶形折叠法来折丝巾

丝巾按褶形折叠法折叠后再系成蝴蝶结，系出的领结会更大，给人感觉更加华丽。88cm×88cm·丝绸100％·斜纹织物

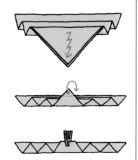

丝巾按三角形折叠法（参照14页）折叠，从三角形底边开始向顶点折成褶形，折到顶点时，将顶点部分的丝巾顺势折到另一边包住整条丝巾，用夹子将其夹住，然后挂在脖子上系成蝴蝶结。

平结

此种系法强调了丝巾下垂的线条。两端垂下来很长，丝巾展露出来的面积也就很大，和图案单一的丝巾相比，最好选用图案富有动感的丝巾，这样效果会更好。大胆地选择有个性的丝巾搭配样式简单的淡灰针织衫，能起到更好的衬托作用。

配针织衫

花纹与图案复杂交错。折法不同，系出来的效果也各不相同。88cm×88cm·丝绸100％·斜纹织物

丝巾的系法

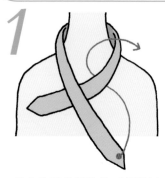

1

丝巾按对角折叠法（参照14页）折叠，将丝巾挂在脖子上，两端交叉在一起，把放在上面的一端拉长，然后将长的一端从短的一端的下面向上穿过去系成一个结。

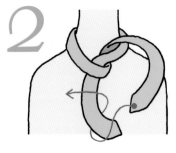

2

将从下面穿过来的一端绕过较短的一端，再系一个结。

3

整理一下领结和丝巾两端的形状，将领结移到自己喜欢的位置。

要点

做步骤2的时候，如果将丝巾两端的上下顺序弄反了的话，就会系成竖结。系结的时候，如果将手指插入系好的环里，不断地整理形状同时向两边拉丝巾的两端，就会系出很漂亮的平结了。

适合搭配的衣领

圆领

领结移到侧面的话，感觉会更加协调。丝巾的两端不管是一前一后的垂下去，还是都垂在胸前，效果都不错。88cm×88cm·丝绸100%·斜纹织物

低领

搭配领口开得较大的低领衣服时，将丝巾系得紧一点，会使脖子看上去很细。88cm×88cm·丝绸100%·提花织物

高领

系丝巾时不要把衣领都遮住了，要在上面留一部分衣领露出来。穿外套时把领结移到正中间，效果也很好。88cm×88cm·丝绸100%·斜纹织物

Sense Up（魅力"小花招"）

丝巾在脖子上绕两圈

丝巾在脖子上绕两圈后系成平结。把领结放在正中央的位置，高雅时尚。此种系法既适合搭配无领衣服又适合搭配衬衫。领结要系得紧一些，不要看起来松松垮垮。88cm×88cm·丝绸100%·斜纹织物

用丝巾夹夹住丝巾

不需要系结，用丝巾夹把丝巾两端交叠在一起的部分夹住即可。因为没有打结，所以丝巾看起来格外的优雅。丝巾夹也可以起到装饰点缀的作用。90cm×90cm·丝绸100%·斜纹织物

将丝巾倒挂在脖子上，丝巾的两端在颈后交叉后再绕回到前面，在前面打个平结。

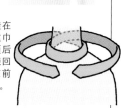

领带结

此种系法给人感觉严谨踏实。与样式传统的衬衫搭配，给人一种整齐、利落的感觉。建议您选用与衬衫同色系的传统图案的丝巾，这样会使整体感觉协调一致。把衬衫领立起来，使丝巾露出来，让自己的正面、背面形象都无懈可击。

配衬衫

以马和马具为主题的传统图案。色调柔和，给人感觉沉稳。88cm×88cm·丝绸100%·斜纹织物

丝巾的系法

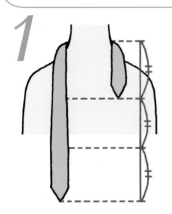

1

丝巾按对角折叠法（参照14页）折叠，将丝巾以左右长度比为3:1的比例挂在脖子上。

2

将长的一端先从短的一端上面绕过去，然后再从下面绕回来。

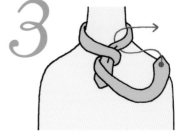

3

再将长的一端从短的一端上面绕过去，然后从短的一端挂在脖子上的那部分下面穿过去。

要 点

丝巾的左右平衡感决定了系后的效果。如果想让领带结整体上看起来稍微小巧一些的话，可以将丝巾两端的长度比例调整为2:1。

适合搭配的衣领

低领

将领结的位置系得稍向下一些，与低领衣服搭配在一起，看起来会更加协调。垂下来的部分稍微短一些，会让你的整体形象变得活泼可爱。78cm × 78cm·丝绸100%·斜纹织物

高领

配上长裤与高跟鞋，看上去清爽利落。适合于比较帅气的装束搭配。88cm × 88cm·丝绸100%·钱布雷色布

Sense Up
（魅力"小花招"）

将长短两端前后颠倒形成V字线条

将衬衫上面的衣扣解开一个，使丝巾垂下来的两端前后颠倒过来，让人感觉帅气、豪爽。选用粗线条的镶边丝巾，会营造出好几重的V字线条，突出了丝巾的图案特点。88cm × 88cm·丝绸100%·斜纹织物

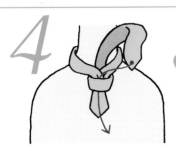

将长的一端穿过正面的环。

将短的一端拉好，整理一下领结的形状。

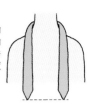

将丝巾左右两端的长度调整一致的话，系好后丝巾垂下来的两端的长度就会颠倒过来。

带有镶边的丝巾按对角折叠法来折叠的话，丝巾角上的V字形线条就会很明显地露出来。

牛仔结

此种系法将倒三角形与层层叠叠的丝巾褶揉合在一起，会将丝巾大面积地铺展在胸前。因此，一定要慎重选择与自己的肤色和装束相配的丝巾。与选择花色图案较为单一的丝巾相比，选择图案较大的丝巾会有更好的效果。

配针织衫

丝巾图案花样繁多，颜色的搭配与整体的设计都具有东方风格。78cm × 78cm · 丝绸100％ · 斜纹织物

丝巾的系法

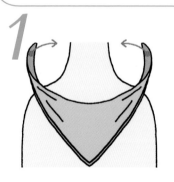

丝巾按三角形折叠法（参照14页）折叠，将丝巾放在胸前，丝巾的两角搭在肩上。

要点

此种系法会将丝巾大面积地展示出来，所以在系之前，一定要事先想好把哪部分的图案露在外面。

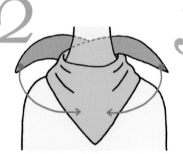

丝巾的两角在颈后交叉后再绕回到前面。

在正面系个平结。

要点

在正面系结时，注意要把丝巾的镶边卷在里面，这样，领结看起来就会漂亮多了。

适合搭配的衣领

V字领

将丝巾三角形的顶点稍微侧移一下，能够改变平常V字领衣服留给大家的印象。此种系法也适合与圆领衣服搭配。90cm×90cm·丝绸100％·斜纹织物

高领

整理一下丝巾褶，使衣领部分稍微露出来一些。用花色图案简单的丝巾来搭配，看起来会觉得很清爽。88cm×88cm·丝绸100％·斜纹织物

衬衫

将衣领立起来，把丝巾系在衬衫外面。能够显示出漂亮的颜色搭配。也可以将衬衫上面的衣扣解开一个，把丝巾放到衬衫里面。90cm×90cm·丝绸100％·斜纹织物

Sense Up
（魅力"小花招"）

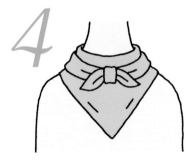

4

整理一下丝巾褶的形状。

在侧面系

把结系到侧面，从整体上看来丝巾就会显得左右不对称，富有动感。使丝巾的一端长长的垂下来，能为你平添几分优雅的韵味。建议您选择同一色系的丝巾来系。88cm×88cm·丝绸100％·缎纹条形提花织物

把系好的结藏在里面

系好的结既可以置于丝巾的正面成为整条丝巾的焦点，也可以把结隐藏在胸前的三角形的下面。此种系法会产生许多丝巾褶，看起来颇具成熟韵味。88cm×88cm·丝绸100％·双绉

小丑结

摇曳于颈间的富有层次感的丝巾褶，华美、时尚。选择色调比较沉稳的丝巾来搭配，演绎出女人优雅成熟的韵味。从整体搭配效果来看，可以选择能成为焦点颜色的丝巾，但是从整体色系统一的角度来考虑，选用茶色系的丝巾，会营造出一种娴雅宁静的氛围。

配套装、针织衫

以两种样式的圆点为图案，既不觉得单一，又用途广泛。90cm×90cm·丝绸100%·双绉

丝巾的系法

1

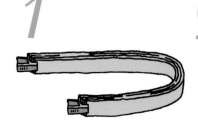

丝巾按褶形折叠法（参照15页）折叠，用夹子将丝巾的两端夹住。

要点

往脖子上挂丝巾时，要把能将丝巾的正面露出来的一面放在上面。

2

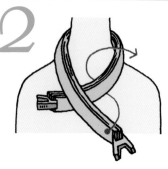

将丝巾挂在脖子上，两端交叉在一起，把上面的一端拉长，然后将长的一端从短的一端的下面向上穿过去系成一个结。

3

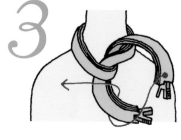

将从下面穿过来的一端绕过较短的一端再系一个结。

适合搭配的衣领

圆领

与带有休闲风格的圆领衣服搭配，能将圆领衣服演绎得更为华美。千鸟格图案的丝巾会给人留下古典、优雅的风情。78cm×78cm·丝绸100%·斜纹织物

高领

与高领衣服搭配，能起到很好的装饰点缀作用。把领结放在正中央的位置，能更好地突显领结的丝巾褶。88cm×88cm·丝绸100%·斜纹织物

带领套装

把丝巾系在衣领里面，两端露在外面。如果是搭配具有男士风格的套装，把领结移到侧面会有更好的搭配效果。88cm×88cm·丝绸100%·斜纹织物

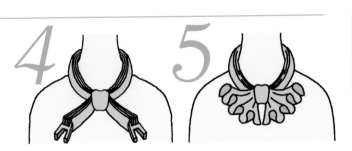

4

整理一下领结的形状，把夹子拿下来。

5

展开丝巾褶，把领结移到自己喜欢的位置。

系成单结，造型简洁

建议您与同色系的款式简单的衣服相搭配。此种系法会使丝巾产生垂感，如果丝巾与衣服都属同色系，丝巾会起到很好的装饰点缀作用，让人感觉既高雅又别致。系一个单结，不要将丝巾褶展开，把单结移到侧面，两端上下两层垂在前面。90cm×90cm·丝绸100%·斜纹织物

彼得潘结

此种系法的特点是会将丝巾的图案大面积地展示出来。丝巾系法不同，所展示出来的造型风情也各不相同。将丝巾稍往侧面移一些，使丝巾斜斜地铺展在胸前，左右不对称的形状会让人感到一种强烈的休闲风情。建议您选择中心部分也带有图案的丝巾。

配针织衫

丝巾的镶边以蔓藤式花纹为图案，中间部分配以小圆点的图案。颜色淡雅，最好与深色套装相搭配。78cm×78cm·丝绸100%·斜纹织物

丝巾的系法

1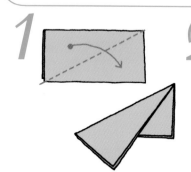

丝巾对折成一半后在对角线处对折，按双层三角形折叠法（参照15页）折叠。

2

将丝巾挂在脖子上。

要 点

将丝巾挂在脖子上时，如果过于用力拉拽丝巾的话，丝巾折好的形状就会散开。注意不要过于用力。

3

把丝巾的两端系在一起，系成一个平结。

适合搭配的衣领

圆领

系丝巾的时候，注意不要把衣领都遮掩住了，要露一部分出来。把领结移到侧面也会有不错的效果。下半身最好以裙子来搭配。90cm×90cm·丝绸100%·斜纹织物

V字领

把领结系在V字领的领口稍微偏下的位置。这样能与V字领衣服得到更好的搭配效果。
88cm×88cm·丝绸100%·斜纹织物

4

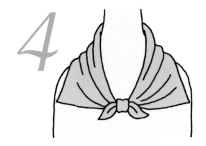

整理一下丝巾的形状，然后把领结移到自己喜欢的位置。

Sense Up
（魅力"小花招"）

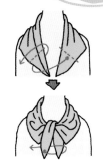

把垂在胸前的丝巾的两端的中间部分系在一起，系成一个单结。然后整理一下丝巾的形状，把丝巾的两端拉平，再系一次，最后系成一个平结。

改变领结的位置

将领结系的高一些，丝巾就会变成比较复杂的形状。就整体效果而言，就像一个蝴蝶结。如果想让自己胸前的丝巾成为注目的焦点，建议您采用此种方法来系。88cm×88cm·丝绸100%·斜纹织物

蝉形宽领带结

适合在正式的场合佩戴。因为系好的丝巾只有一部分能露出来，所以一定要事先考虑好将丝巾的哪部分露出来。丝巾以高雅时尚的蓝绿色为底色，再配上灰色的线条，搭配起来会显得格外醒目。

配套装、衬衫

以马具为主体图案的传统样式的丝巾，整体颜色搭配时尚高雅，适合在正式场合佩戴。88cm×88cm·丝绸100%·斜纹织物

丝巾的系法

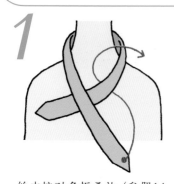

丝巾按对角折叠法（参照14页）折叠，将丝巾挂在脖子上，两端交叉在一起，把上面的一端拉长，然后将长的一端从短的一端的下面向上穿过去系成一个结。

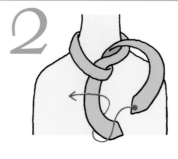

将从下面穿过来的一端绕过较短的一端再系一个结。

要点

将丝巾挂在脖子时，把想要露出来的丝巾的那面做成丝巾长的一端。

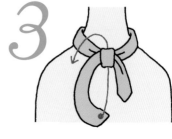

将丝巾较长的一端，从平结的内侧自下而上的穿过去，使其垂在前面。

适合搭配的衣领

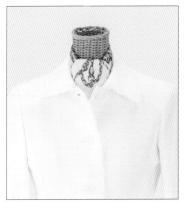

V字领

能够将蝉形宽领带结的特点衬托得最为充分的衣领。领结的中心图案比较有规律，一定要注意不要把丝巾系歪了。88cm×88cm·丝绸100%·斜纹织物

带领套装

将带领套装上面的衣扣解开一个。这样搭配起来比较合适。为了避免整体效果看起来过于硬朗，尽量避免用直线条纹图案的丝巾来搭配。88cm×88cm·丝绸100%·斜纹织物

无领套装

把领结系得稍紧些，可以从整体上压住丝巾。选择颜色比较淡雅的丝巾来搭配比较合适。88cm×88cm·丝绸100%·斜纹提花织物

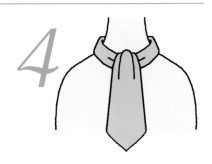

4

整理一下领结的形状。

Sense Up
（魅力"小花招"）

丝巾在脖子上绕两圈

在系好的领结的内侧还可以再看见一圈丝巾，就会增添几分活泼与生动。建议与领口开得较深的带有男士风格的套装相搭配。90cm×90cm·丝绸100%·双绉

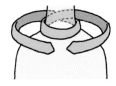

将丝巾倒挂在脖子上。两端在颈后交叉后再绕回到前面。然后在前面系成蝉形宽领带结。

单翼蝴蝶结

与蝴蝶结比起来，能给人留下更加鲜明的印象。与粗斜棉布制的上衣相搭配，既休闲，又不过于随意。改变丝巾两端的长度，让整条丝巾看起来富于动感，更能突出丝巾左右两端的不对称美。

配夹克衫
配女士贴身背心

花纹图案的色调搭配古典传统，会让你看起来充满女人味。88 cm × 88cm · 丝绸100% · 双绉

丝巾的系法

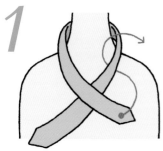

丝巾按对角折叠法（参照14页）折叠，将丝巾挂在脖子上，两端交叉在一起，把下面的一端拉长，然后将短的一端从长的一端的下面向上穿过去系成一个结。

将丝巾较长的一端向着反方向做成一个环的形状，然后将刚才从下面穿过来的一端绕过这个环，从上面穿过去。

整理一下蝴蝶结的形状，将蝴蝶结移到自己喜欢的位置。

要 点

将丝巾挂在脖子上时，把要做环的一端留得长一些。

适合搭配的衣领

圆领

此种系法左右不对称，即使将领结放在正中间，看起来也颇富动感。丝巾要沿着衣领线来系。102cm×102cm·丝绸100%·斜纹织物

方领

将领结稍向侧面移一些，使衣领线露出来。用传统图案的丝巾，高贵、雅致。90cm×90cm·丝绸100%·斜纹织物

V字领

选择以编织花纹为图案的式样简单的丝巾，会更加突显蝴蝶结的垂感。蝴蝶结与衣领相互衬托，对照鲜明，丝巾能起到很好的装饰点缀作用。88cm×88cm·丝绸100%·缎纹提花织物

Sense Up
（魅力"小花招"）

再系一个环

将丝巾的一端轻轻的插入蝴蝶结中再系成一个环。这样一来，丝巾会主要集中在颈间，下垂的沉重感会减轻。建议身材不高的人采用此种系法。88cm×88cm·丝绸100%·斜纹织物

将从上面穿过来的一端从系有环的一侧轻轻地插入蝴蝶中再系一个环。

把缠绕在颈间的丝巾卷细

搭配高领衣服时，将缠绕在颈间的丝巾卷细，这样看起来会更加协调。90cm×90cm·丝绸100%·斜纹织物

项链结

丝巾的形状颇像短项链，适合搭配富有成熟女人韵味的休闲装束。此种系法一般不会将丝巾的花纹图案露出来，建议您最好选用图案比较细碎单一的丝巾。注意要选择能够成为搭配焦点颜色的丝巾。

配粗斜棉布夹克衫、女衫

印染花布式的设计，轻轻松松就能够与休闲风格的装束搭配得体。90cm×90cm · 丝绸100% · 双绉

丝巾的系法

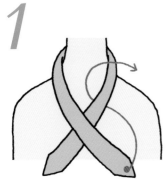

丝巾按对角折叠法（参照14页）折叠，将丝巾挂在脖子上，使左右两端长度一致，然后在正面打一个单结。

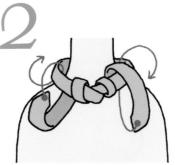

丝巾两端分别以转圈的方式缠绕在围在颈间的丝巾上。

要点

缠绕丝巾两端的时候，力度要均匀，过松过紧的话，系后丝巾的形状容易松散。

后面

丝巾在颈后系成一个平结。

适合搭配的衣领

低领

此种系法紧密严实、富有质感，与领口开得很大的低领衣服相配，能起到很好的装饰点缀作用。88cm×88cm·丝绸100%·缎纹条形棉纱布

V字领

搭配浅口的V字领衣服时丝巾要卷得细一些，搭配领口开得较深的V字领衣服时丝巾要卷得粗一些。这样的话，搭配效果会更加协调。78cm×78cm·丝绸100%·双绉

衬衫

与印象端庄整洁的衬衫搭配在一起，利落、清爽。78cm×78cm·丝绸100%·斜纹织物

4

Sense Up
（魅力"小花招"）

整理一下丝巾的形状。

不系结让丝巾顺势垂下来

如果是用雪纺绸等质地轻柔飘逸的丝巾来系，可以不用将丝巾卷得那么紧，将丝巾两端顺势垂下来。因为是将丝巾的两端一圈一圈卷起来后再垂下来的，所以即使不系结丝巾也不会松散。缠绕在颈间的丝巾看起来线条比较硬，用雪纺绸等质地轻柔飘逸的丝巾来系，两端垂下来会显得十分轻盈，为你增添几分温柔的气息。适合与领口开得较大的衣服相搭配。

78cm×78cm·丝绸100%·雪纺绸

翻领结

翻领结与牛仔结比起来，给人感觉更加严谨、端庄，出席正式场合时可以采用此种系法。与选用图案单一的丝巾相比，选用整体图案富有动感的丝巾效果会更好。可以把丝巾系在衬衫外面，然后在外面套上一件外套。

配衬衫

丝巾以土黄色为底色，配上淡蓝色和奶油色的带状的主题图案，给人感觉严谨、端庄。88cm×88cm·丝绸100%·斜纹织物

丝巾的系法

1

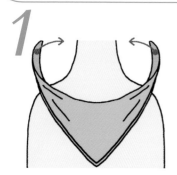

丝巾按三角形折叠法（参照14页）折叠，将丝巾放在胸前，两角搭在肩上。

2

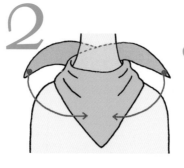

两角在颈后交叉后再绕回到前面。

3

在正面系两个平结。

要点

如果颈部被丝巾围得太紧的话，再绕回来就比较困难，丝巾也弄不出漂亮的形状来。将丝巾的两端松松地围到后面再绕回来，然后再决定领结的位置。

适合搭配的衣领

圆领

用此种系法来搭配具有休闲风格的圆领衣服，整体感觉比较正式、端庄，同时还能巧妙地把衣领遮掩起来。90cm×90cm·丝绸100%·斜纹织物

V字领

搭配领口开得较深的V字领衣服时，让丝巾松松地垂下来，会自然的产生许多丝巾褶。88cm×88cm·丝绸100%·双绉

带领套装

搭配感觉比较硬朗、具有男士风格的套装，会为你增添几分温柔的气质。丝巾系在套装外面时，最好将丝巾稍稍斜一点系。系在套装里面时，把领结置于正中央。78cm×78cm·丝绸100%·双绉

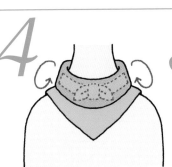

4 将丝巾三角形的底边部分向外翻卷2圈，把刚才系好的领结掩盖起来。

5 整理一下丝巾翻卷过来的部分以及丝巾褶的形状。

Sense Up

（魅力"小花招"）

丝巾多翻卷几次

将丝巾三角形的底边部分翻卷3～5次，三角形的面积就会变小，看起来颇具休闲风格。建议您选用不带镶边，或是只带有很细镶边的丝巾。88cm×88cm·丝绸100%·双绉

三角形散褶结

此种系法给人留下的印象优雅、鲜明。因为能突出垂下来的丝巾线条的纵向感，所以佩戴后能将身形衬托得更为纤细。选用质地轻柔的丝巾，丝巾褶的线条会更加漂亮。图案较大的丝巾比较适合此种系法。

配开襟毛衣

丝巾以几何图形与花形图案的印染来搭配条形的编织图案，整体设计较为复杂。88cm×88cm·丝绸100%·缎纹条形提花织物

丝巾的系法

1

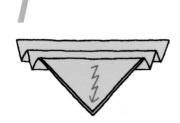

丝巾按三角形折叠法（参照14页）折叠，将丝巾从三角形底边开始向顶点折成褶形。

要 点

事先想好要将丝巾折成的宽度，然后再折。

2

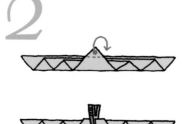

折到顶点的时候，将顶点部分顺势折到另一边包住整条丝巾，用夹子将顶点部分夹住。

3

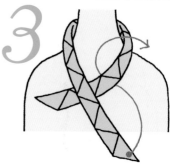

将丝巾挂在脖子上，注意要将丝巾原三角形的底边部分放在内侧，然后系一个单结。

适合搭配的衣领

V字领

领口开得较深的衣服与V字领衣服都适合搭配此种系法，能够很好的衬托出下垂丝巾线条的纵向感。88cm×88cm·丝绸100%·缎纹条形棉纱布

高领

高领衣服胸前没有什么变化，比较单一，用三角形散褶结来搭配高领衣服，刚好可以弥补这点缺陷。选用材质轻薄的丝巾来系，有飘逸、灵动之感。88cm×88cm·丝绸100%·钱布雷色布

衬衫

将衬衫领立起来，丝巾套过衣领来系。也可以将衬衫上面的衣扣解开，把丝巾系在衬衫里面。88cm×88cm·丝绸100%·棉纱布

4

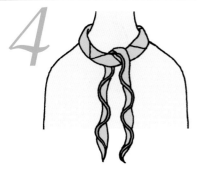

摘去夹子，整理一下丝巾褶的形状。

Sense Up
（魅力"小花招"）

系成平结
让丝巾垂在侧面

丝巾系成平结的话，领结会比较固定不易松散，就可以将领结移到侧面了。用力系的话，会使丝巾褶充分展开。88cm×88cm·丝绸100%·缎纹条形提花织物

不系结使丝巾两端
垂在前面

将丝巾倒挂在脖子上。两端在颈后交叉后再绕回到前面垂于胸前，使丝巾两端的长度不一致，看起来会更加灵动、时尚。88cm×88cm·丝绸100%·斜纹提花织物

单侧缠绕结

特点是简洁大方、造型小巧。丝巾按长方形折叠法折叠，两端较有厚度，点缀于颈间，大小适宜。建议选用质地较为轻柔、饰有镶边的丝巾。领结稍稍向侧面移一点，灵动、活泼。

配罩衫

以丝带和鲜花为印染图案的丝巾，华美、优雅。带有浓浓的女人味。88cm×88cm·丝绸100%·提花织物

丝巾的系法

1

丝巾按长方形折叠法（参照15页）折成8折，将要挂在颈间的丝巾的中间部分再折一次，折到原宽度的1/2宽。

2

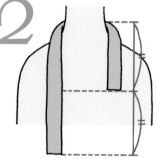

以左右长度比为2：1的比例将丝巾挂在脖子上。

 要 点

丝巾质地较厚、面积较大时，将丝巾左右两端的长度差距拉大，系后效果会更好。

3

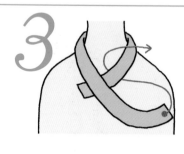

两端交叉，长的一端置于上面，然后系一个单结。

适合搭配的衣领

圆领

搭配样式简单的毛衣或女衫，能为您增添几分文雅的美感。将丝巾沿着衣领线来系。88cm×88cm·丝绸100%·上等亚麻细布

高领

与款式宽松的衣服搭配在一起也很合适。冬季可以代替围巾来佩戴。88cm×88cm·丝绸100%·斜纹织物

带领套装

将丝巾轻轻地系在衣领上面。如果是搭配带有男士风格的套装，要将领结稍微往侧面移一些。88cm×88cm·丝绸100%·斜纹织物

Sense Up
（魅力"小花招"）

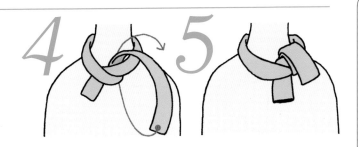

将丝巾长的一端缠绕在围在颈间的丝巾上，绕1～2圈。

整理一下丝巾的形状，将领结移到自己喜欢的位置。

丝巾按扇形折叠法折叠

丝巾按扇形折叠法折叠后再系的话，就会形成华丽的丝巾褶，让你看起来充满女人味。整理领结时，要一边向下压平从上面绕过来的一端，一边展开丝巾褶。88cm×88cm·丝绸100%·双绉

双层环形结

想要把大丝巾系得比较短小时，可以采用此种系法。特点是领结小巧，即使是丝巾在颈部绕两圈，也丝毫不见厚重之感。因为丝巾垂下来的部分不是很长，所以不管用哪种丝巾来系都很合适。双层环形结样式简洁，可以与多种造型搭配。

配女衫

色彩图案方面，感觉都很轻盈、飘逸，佩戴后仿佛有春天一般的感觉。88cm×88cm·丝绸100%·棉纱布

丝巾的系法

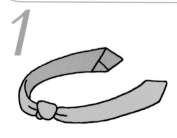

1

丝巾按对角折叠法（参照14页）折叠，然后在丝巾的正中央部分系一个松松的结。

要 点

此种系法造型简洁，将领结系得稍大一些会较为醒目。

2

将系好的领结置于颈前，丝巾两端绕到颈后交叉。

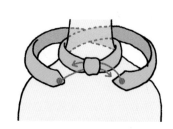

3

丝巾两端再绕回到前面，分别从领结的左右两侧穿过。

适合搭配的衣领

衬衫

丝巾不管是系在衬衫的里面还是外面都很合适。将领结置于正中央，看起来严谨、端庄。

88cm×88cm·丝绸100%·提花织物

带领套装

把套装的衣领立起来，将丝巾系在套装的里面。选择颜色淡雅、质地轻柔的丝巾，避免给人感觉过于厚重。88cm×88cm·丝绸100%·钱布雷色布

把自己喜欢的图案系在领结处

把自己喜欢的图案露在外面，也能起到很好的点缀作用。也可以佩戴不是类似于图片中主题图案的丝巾，只要事先考虑清楚要将哪个颜色露出来，然后再系丝巾就可以。

88cm×88cm·丝绸100%·斜纹织物

先决定好要将哪部分的图案露在领结处，折丝巾的时候，要将这部分图案折在外面，然后在此处系领结。左图的丝巾中想要露在领结处的图案偏在一角上，那么就在此处打一个结，丝巾围着脖子绕一圈后，将没有系结的一端穿过刚才系好的结。

4

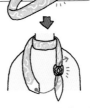

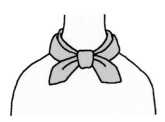

整理一下领结及丝巾两端的形状，将领结移到自己喜欢的位置。

※想要露出的图案的所在位置不同，领结的位置也不同。一定要灵活应对。在对角线上选择想要露出来的图案。

丝巾在脖子上绕一圈后松松的垂下来

将丝巾的一端穿过系好的结后，做出一个较松的半高领状的线条，感觉优雅。用来搭配V字领或者圆领衣服效果都不错。88cm×88cm·丝绸100%·缎纹雪纺绸

链形褶结

特点是丝巾的线条看上去像重叠在一起的和服衣领。搭配套装或大衣时，会成为颈部的焦点。简单流畅的链形丝巾褶，形状不易松散，工作时建议您采用此种系法。丝巾对角线上距离一角的1/4处会露在外面，选择丝巾时要注意一下。

配套装

以连合活字与方形组合成的复杂几何图形为图案。丝巾色彩调和融洽，使用方便。88cm88cm·丝绸100%·缎纹雪纺绸

丝巾的系法

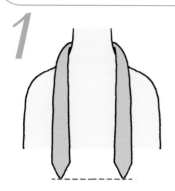

1

丝巾按对角折叠法（参照14页）折叠，将丝巾挂在脖子上，使两端长度一致。

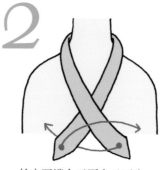

2

丝巾两端在正面交叉两次。

要 点

丝巾两端在正面交叉时，如果交叉得很平整，丝巾一点都没有拧到，就会形成很平整流畅的丝巾褶。如果一边拧丝巾一边交叉，就会形成稍微复杂的丝巾褶。

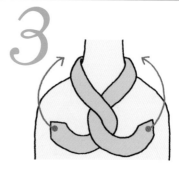

3

保持交叉状态，将两端绕向后面。

适合搭配的衣领

低领

低领衣服的脖颈处总是显得空荡荡的，链形褶结与低领衣服搭配，刚好可以点缀一下显得有些空荡荡的脖颈，看起来很像是项链结。

88cm×88cm·丝绸100％·提花织物

高领

将丝巾褶系得稍微松一些，可以柔和高领衣服衣领的紧绷感。

88cm×88cm·丝绸100％·提花织物

带领套装

将套装上面的衣扣解开一个，把丝巾系在里面。隐约可见的花形图案会将您的气质衬托得更为高雅。88cm×88cm·丝绸100％·提花织物

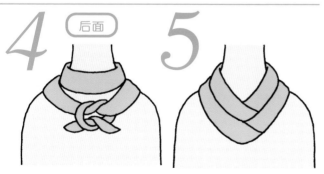

4 后面

5

在颈后将丝巾两端系成一个平结。

整理一下正面的丝巾褶。

Sense Up

（魅力"小花招"）

丝巾按三角形折叠法折叠

丝巾不按对角折叠法折叠，而按照三角形折叠法折叠，系后的丝巾很自然地就会产生丝巾褶，看起来华丽优美。建议您选用质地轻薄的丝巾。88cm×88cm·丝绸100％·雪纺绸

三角形环形结

丝巾由肩膀倾泻而下，线条流畅，底端的一角灵动、飘逸。适合在旅行途中使用，搭配选择多样化，使用方便。此种系法会将丝巾大面积地铺展出来，选择与身上的着装为同色系的丝巾，搭配融洽。

配衬衫

以粗条纹的几何图形为图案，线条突出、醒目。90cm×90cm·丝绸100%·斜纹织物

丝巾的系法

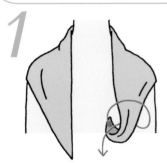

1

丝巾按三角形折叠法（参照14页）折叠，将丝巾挂在脖子上，在一端留出约20cm长的距离，然后在此处系一个松松的结。

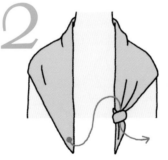

2

将丝巾的另一端自上而下地从领结内侧穿过，然后将领结固定住。

3

将领结移到左肩或是右肩，整理一下丝巾褶。

要 点

如果觉得将丝巾挂在脖子上后系结不方便的话，可以先把结系好，然后再把丝巾挂在脖子上。

适合搭配的衣领

V字领

整理一下丝巾褶的形状，使之与衣领相配。将领结稍微向后移一些，这样丝巾褶的线条会更加自然。90cm×90cm·丝绸100%·斜纹织物

高领

将衣服胸前的部分多空出来一些，衣领、丝巾与身形的搭配会更加协调。90cm×90cm·丝绸100%·斜纹织物

无领套装

选择稍小的丝巾，感觉轻盈、飘逸。78cm×78cm·丝绸100%·斜纹织物

Sense Up
（魅力"小花招"）

将丝巾穿过丝巾套环

不用系结，将丝巾两端穿过套环也会有相同的效果。闪闪发光的套环会成为整条丝巾的亮点。9号大小的戒指也可以代替丝巾套环来使用。78cm×78cm·丝绸100%·斜纹织物

丝巾穿过领结后系成单翼蝴蝶结

将要穿过领结的一端弄短，系好后置于肩膀处，感觉飘逸。88cm×88cm·丝绸100%·双绉

丝巾的一端稍微向里折一部分，然后再穿过领结。过松的话，领结很容易松散，所以系结时一定要系牢了。

鱼尾结

造型圆润，更能衬托出女性美。小巧的造型，与能将脖颈处露出来的衣服相搭配，优雅、华丽。选用质地轻柔的丝巾效果会更加突出。此种造型的系法，即使是用直线形条纹图案的丝巾，也会为你增添几分温柔的气质。

配针织衫

以放射线状的条纹为图案，特点明显。建议您也可以用此款的丝巾来系一些其他比较简单的系法。88cm×88cm·丝绸100%·雪纺绸提花织物

丝巾的系法

1

丝巾按长方形折叠法（参照15页）折叠成8折，然后再对折一次，折成16折。

要点

领结如果系得很松，垂下来时，感觉就会有些土气。所以要一边照着镜子一边系。注意领结的位置。

2

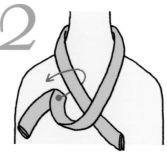

将丝巾挂在脖子上，两端交叉在一起，把上面的一端拉长，然后用长的一端做成一个环，自下而上地从短的一端下面穿过去。

3

把刚才做成的环垂在前面，另一端从这个环穿过去。

适合搭配的衣领

圆领
丝巾造型左右不对称，将领结置于正面，也会有灵动飘逸的感觉。
88cm×88cm · 丝绸100% · 提花织物

高领
将领结移到侧面，与高领衣服搭配起来效果会更好，感觉轻盈。
88cm×88cm · 丝绸100% · 缎纹雪纺绸

无领套装
选用不带镶边的丝巾来搭配，简简单单整体效果就会非常融洽。88cm×88cm · 丝绸100% · 缎纹条形提花织物

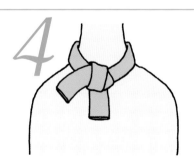

固定住由丝巾长的一端做成的领结，整理一下丝巾的形状。

Sense Up
（魅力"小花招"）

丝巾按褶形折叠法折叠

把步骤1中的折法改变一下，按褶形折叠法（参照15页）折叠，原本是感觉恬静安详的领结立刻就会变得华丽起来。选用质地轻柔的粉色丝巾，丝巾两端的丝巾褶展开后，显得既妩媚又艳丽，适合与衣领设计简单的套装相搭配。
88cm×88cm · 丝绸100% · 提花织物

蔷薇结

卷起来的丝巾的漩涡看起来像蔷薇的花蕾。适合在出席宴会时或约会时与带有淑女风范的服饰相搭配。建议您最好选用质地轻柔的浅色调丝巾。将丝巾系得稍斜一点效果会更好。

配针织衫

质地轻柔，式样简单的点状图案的丝巾是您必备之物。90cm × 90cm · 丝绸100% · 雪纺绸

丝巾的系法

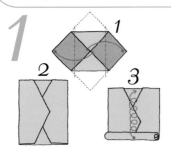

丝巾的对角折向中心点，另一对角也向中心点的方向折，但折的时候，要多向里折一些，折成一个长方形后，由边长较短的一边开始向对边卷过去。

将卷好的丝巾挂在脖子上系一个单结，使丝巾的两端向前，用橡皮筋将单结固定住。

整理一下花蕾的形状和朝向，使系出的花蕾看起来更漂亮。

要点

较短的一边的长度最好是"脖子的周长+花蕾的高度+3cm～4cm"。

要点

注意要使用与丝巾为同色系的橡皮筋。绑头发用的彩色橡皮筋就可以。

适合搭配的衣领

方领

与带有淑女风范的衣领搭配在一起最为合适。用几何条纹图案的丝巾，活泼、可爱。90cm×90cm·丝绸100%·雪纺绸

V字领

与领口开得较深的V字领衣服搭配也很合适。调整一下花蕾的位置，以取得最佳的搭配效果。88cm×88cm·丝绸

衬衫

将衬衫衣扣解开一个，把丝巾系在衬衫里面。不显幼稚，感觉成熟。88cm×88cm·丝绸100%·提花织物

系出两种颜色的蔷薇花蕾

如果能利用丝巾的花纹图案巧妙的系出两种颜色的花蕾，那简直是太别致了。图片中使用的是带有粗线条镶边的丝巾，也可以使用带有晕色或大花纹图案的丝巾。88cm×88cm·丝绸100%·缎纹雪纺绸

系一个单结将花蕾垂下来

系法步骤1中的（要点）提到了"花蕾的高度"，将"花蕾的高度"加长，不用橡皮筋，可以系一个单结，然后使两个花蕾一前一后地垂在肩上。将丝巾两端卷起来的部分展开，花蕾看起来就会非常漂亮了。88cm×88cm·丝绸100%·薄纱

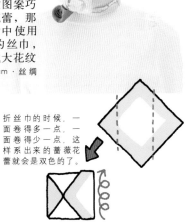

折丝巾的时候，一面卷得多一点，一面卷得少一点，这样系出来的蔷薇花蕾就会是双色的了。

简洁三角形结

丝巾以三角形的形状斜铺在肩上。把丝巾系在针织衫或套装外面效果都不错。搭配半高领衣服时，要系得稍微松一些，会形成漂亮的丝巾褶。搭配颜色比较鲜亮的衣服时，尽量选用颜色柔和的丝巾。

配针织衫

以流线型花纹为图案的丝巾，带有新艺术风格。88cm×88cm·丝绸100%·斜纹织物

丝巾的系法

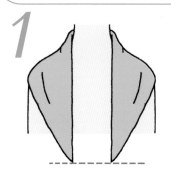

1

丝巾按三角形折叠法（参照14页）折叠，将丝巾挂在脖子上，使两端长度一致。

 要点

如果想让铺展在肩上的丝巾面积小一些，往脖子上挂丝巾之前，可将三角形丝巾的底边向里面折一部分。

2

丝巾两端留出约20cm长的距离，然后系出一个平结。

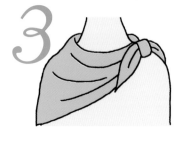

3

将领结移到左肩或右肩，整理一下丝巾褶的形状。

适合搭配的衣领

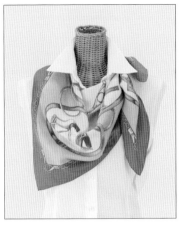

圆领

搭配圆领衣服时，会将圆领衣服的衣领线遮掩起来。选用面积较小的丝巾，造型会稍微小巧一些。

78cm×78cm·丝绸100%·斜纹织物

衬衫

将衣领立起来，丝巾系在外面。将衬衫衣扣解开一个，整理一下丝巾褶，使丝巾褶的褶痕与衣领线的线条一致。88cm×88cm·丝绸100%·斜纹提花织物

带领套装

搭配带有男士风格的套装时，将丝巾随意自然地系在上面，便可演绎出一种休闲风情。选择花纹图案色彩搭配鲜艳的丝巾，会为您增添几分温柔的气质。88cm×88cm·丝绸100%·斜纹织物

Sense Up
（魅力"小花招"）

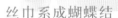

丝巾系成蝴蝶结

丝巾不系成平结而系成蝴蝶结，看起来就像肩膀上停着一只蝴蝶一样。选用雪纺绸等质地轻柔的丝巾，柔美、飘逸。90cm×90cm·丝绸100%·雪纺绸

用橡皮筋把丝巾绑在一起

丝巾铺展出来的面积会更大，与体现淑女的套装搭配，更能增添你的成熟韵味。用与丝巾颜色相近的绑头发用的彩色橡皮筋即可。88cm×88cm·丝绸100%·斜纹提花织物

丝巾两端留出约20cm，然后在此处使丝巾鼓起一块，用橡皮筋套住即可。

打造丝巾经典造型的 7个要点

不讲究搭配方法就系丝巾，或是搭配方法过于朴素，都不能突出丝巾系后的效果。

为了避免产生上述情况，在这儿向您介绍有关丝巾搭配技巧的7个要点。

只要掌握了这些技巧，您就能轻轻松松地塑造出丝巾的经典造型了。

2 丝巾与衣服为同色系 整体感觉融洽

每一个颜色与相邻的 两个颜色均为同色系

1 丝巾图案中的一个颜 色要与衣服颜色相配

许多的丝巾都是在图案众多的颜色中只有一个颜色与身上的衣服颜色相配。即使是这样，整体搭配的效果也很好。颜色不完全一样也没关系，只要是同色系的颜色就可以。选购丝巾时要购买那些图案中带有与自己平常穿的衣服颜色相近的丝巾。68cm×68cm·丝绸100%·雪纺绸·针织衫

丝巾与衣服按同色系来搭配就变得简单多了。上图中的每一个颜色与它相邻的两个颜色均为同色系。衣服与丝巾均为同色系的话，即使是用能将丝巾大面积展示出来的系法来系，看起来也会觉得十分的流畅。选择丝巾颜色中所占比例最大的颜色的同色系服装来搭配。88cm×88cm·丝绸100%·斜纹雪纺绸·开襟毛衣·高领衫

选择与衣服颜色刚好相反的丝巾来系，会成为注目的焦点

红色的相反色是绿色，黄色的相反色是紫色。如下图所示，每一个颜色对面的颜色是它的相反色。根据装束打扮协调性的不同，有的丝巾颜色可能过于艳丽。但如果想要成为注目的焦点，选择相反色是最合适不过了，会给人留下热情、积极、充满活力的印象。

每一个颜色对面的颜色是它的相反色

 丝巾与衣服的色调相配

鲜艳亮丽的色调，暗色调等，颜色的明暗以及鲜明度统称为色调。只要色调相同，好几种颜色搭配在一起也不会有冲突感。特点是容易搭配。

亮色调　　　　　　　　　　　暗色调

 丝巾与小配饰的颜色相配

让丝巾与手提包、腰带、帽子、靴子等小配饰的颜色协调搭配，也是搭配的方法之一。丝巾铺展得过多的话，形状容易松散，最好选择造型小巧的系法。58cm×58cm·丝绸100％·缎纹雪纺绸·手提包·女衫·套装

6 丝巾的系法与下半身的搭配决定了您留给他人的印象

可爱、优雅、休闲、帅气，先决定好要把自己打扮成哪一种造型，然后再去搭配丝巾的系法与下半身的装束。这样做的话，搭配起来就容易多了。

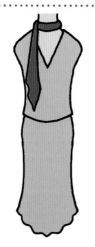
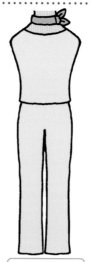

裙子＋造型小巧的丝巾系法

裙子＋丝巾长长的垂下来的系法

长裤＋造型小巧的丝巾系法

长裤＋丝巾长长垂下来的系法

可爱

约会或参加活动的造型。下半身要用感觉比较淑女的裙子来搭配，丝巾采用造型小巧可爱的系法，给人整体感觉温柔可人。

优雅

造型华美，富有女人味。下半身用能够突出女性线条美的裙子来搭配。质地轻薄的长裙，走动起来轻轻摆动，与长长垂下来的丝巾相搭配，高雅、飘逸。

休闲

建议平日或参加活动时采用此种装束。下半身用直筒裤或瘦裤子来搭配，丝巾造型小巧、活泼，让人感觉健康、充满活力。

帅气

出席正式场合时，适合采用此种装束，会给人精明、干练的感觉。下半身用感觉严谨的长裤，与长长垂下来的丝巾相配，整体造型自然、流畅。

 7 注意衣料与丝巾材质的搭配

丝巾的面积和衣服比起来要小得多，要注意立体感的搭配。

●手感粗糙的针织衫和质地较厚的套装等与雪纺绸一类的、感觉华美的丝巾相搭配，让丝巾轻轻地垂于胸前，整体效果会十分和谐。或者是将丝巾厚厚的一圈一圈地缠绕在脖颈间，搭配效果也十分协调。

●雪纺绸一类的罩衫、连衣裙、无袖女装等应避免与质地过厚的丝巾相搭配，应选用质地轻柔的丝巾来搭配。

part 3

第三章

佩戴长丝巾

最近在女性群体中颇有人气。
不需要过多的折叠，简简单单就能系成漂亮的领结。
丝巾卷得短一些能营造休闲风情，
卷得长一些又能营造优雅风情。
在出席宴会等场合时
经常使用材质较为高级的长丝巾。

长丝巾	宽25cm～53cm，长130cm～200cm的长方形丝巾。有的长丝巾两端是倾斜的样式，或两端缀有流苏。

单结

此种系法充分展示了长丝巾的特点，让丝巾长长地垂下来，造型简洁。两端一前一后地垂下来，背影也会给人留下深刻的印象。质地轻薄的长丝巾配上无袖衣服，清凉雅致。站在穿衣镜前，根据整体效果，选择长度适中的丝巾吧。

配罩衫

丝巾两端带有刺绣纹样，适合造型简洁的系法。25cm × 160cm·聚酯100％·雪纺绸

丝巾的系法

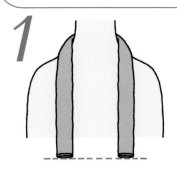

丝巾按长方形折叠法（参照15页）折成4折，将丝巾挂在脖子上，两端长度一致。

在正面打一个单结。

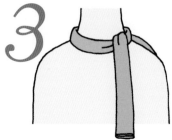

将领结移到左侧或是右侧，让丝巾的两端分别一前一后地垂下来。

要点

垂在前面的一端如果是由单结上面绕过来的，看起来立体感就会较强。如果是由单结下面直接垂下来的，看起来则比较平整。要根据造型的不同来选择不同的垂法。

适合搭配的衣领

圆领

与衣领线错开，紧贴着脖子系。选用几何条纹编织图案的丝巾，感觉高雅。38cm×168cm·丝绸100%

低领

横向线条的衣领线与纵向线条的丝巾刚好形成对比。丝巾长度稍长一些，搭配效果也不错。53cm×160cm·毛70%丝绸30%·缎纹条形织物

衬衫

将衬衫衣扣解开一个，敞开衣领，丝巾系在衣领里面。建议选用质地轻薄的丝巾。53cm×170cm·丝绸100%·钱布雷色雪纺绸

Sense Up
（魅力"小花招"）

用胸针把丝巾两端别在一起

将丝巾挂在脖子上，两端长度不一致。将丝巾长的一端绕到另一侧肩膀的后面，然后用胸针把丝巾两端重叠的部分别在一起。花纹图案较小的丝巾用设计简单，稍微大一点的胸针来搭配效果比较好。用胸花来代替胸针效果也不错。43cm×144cm·丝绸100%·提花织物

小贴士

长丝巾也可作为和服的腰带背衬来使用

丝绸质地的长丝巾也可以作为和服的腰带背衬（为防止宽幅女用腰带下滑而使用的长布条）来使用。和服的小装饰物价钱比较昂贵，除了在穿和服的时候配戴，其他时候就很难使用了。丝巾的话就比较自由。秋冬季节可使用乔其纱或双绉质地的丝巾来搭配，春夏两季则用雪纺绸或棉纱布质地的丝巾来搭配。丝巾过大的话，会显得很晃荡不大合适。丝巾的长度一定要在自己腰围的2倍以上。

麻花环形结

看起来虽然很复杂，但系法却很简单。相同的系法，选用长丝巾感觉优雅，用短丝巾感觉休闲。想要给人留下沉稳的印象时，要选择颜色中有一种颜色与衣服为同色系的丝巾。

配女衫

丝巾色彩搭配柔和，图案具有东方风格。能与多种造型相搭配。53cm×160cm·丝绸100%·棉纱布

丝巾的系法

单手持丝巾一端，另一只手将丝巾拧成麻花状。

把两端并拢到一起，丝巾就会由头到尾自然地拧到一起。

将丝巾挂在脖子上，让丝巾尾端没有拧上的部分垂在胸前。

丝巾事先不折叠的话，拧好的丝巾看起来蓬松、飘逸。如果想给别人留下优雅的印象，可以事先将丝巾折成原宽度的1/3宽，然后再拧成麻花状。

适合搭配的衣领

圆领

搭配领口开得较小的圆领衣服时，要选择直线条纹图案的丝巾，看起来线条流畅。45cm×160cm·丝绸100%·钱布雷色布

低领

让丝巾的一端长长地垂在胸前，整体效果看起来会比较协调。在做丝巾的系法步骤2时，将丝巾的两端错开即可。58cm×170cm·丝绸100%·雪纺绸钱布雷色布织物

衬衫

将衬衫衣扣解开一个，把衣领立起来，丝巾系在外面。颇具休闲、成熟的韵味。35cm×200cm·丝绸100%·雪纺绸

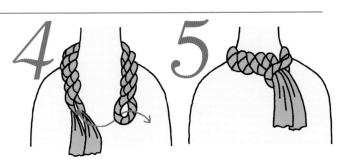

4 将丝巾的尾端穿过另一侧的环。

5 整理一下丝巾的形状，将领结移到自己喜欢的位置。

Sense Up
（魅力"小花招"）

把两条丝巾拧到一起

可以创造出一条丝巾的麻花结所没有的彩色麻花结的效果，造型蓬松、华美。先将两条丝巾分别拧好，然后再将两条丝巾拧到一起。事先要将丝巾按长方形折叠法折成2折。绿色丝巾：25cm×120cm·丝绸100%·雪纺绸。紫色丝巾：25cm×120cm·丝绸100%·雪纺绸

扇形蝴蝶结

如果想让自己的颈部立刻成为别人注目的焦点，建议您采用此种系法。美丽的蝴蝶结，更能衬托出女性美。选择色彩搭配高雅的直线条纹图案的丝巾，丝毫不显稚气，且时尚、高雅。

粗格条纹图案的丝巾，与款式简单的女衫搭配在一起非常合适。45cm×160cm·丝绸100%·雪纺绸

丝巾的系法

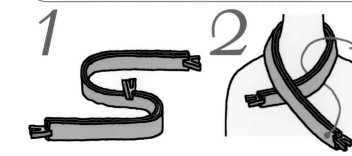

1 丝巾按横向褶形折叠法（参照15页）折叠，丝巾的两端和中间部分用夹子夹住。

> **要 点**
>
> 丝巾横向折叠的话，折到最后很容易松散。用小巧的夹子将折好的丝巾夹住，系起来的时候就方便多了。

2 将丝巾挂在脖子上，丝巾两端交叉在一起，把上面的一端拉长，然后将长的一端从短的一端的下面向上穿过去系成一个结。

3 将丝巾较短的一端向着反方向做成一个环的形状，然后将刚才从下面穿过来的一端绕过这个环，将这一端丝巾的中间部分从上面穿过去，系成一个蝴蝶结。

适合搭配的衣领

圆领

将蝴蝶结的丝巾褶充分展开，把衣领遮掩起来。45cm×160cm·丝绸100％·雪纺绸

V字领

蝴蝶结系得稍小一些，看起来更显苗条。将蝴蝶结和丝巾两端一前一后地垂在肩上效果也很好。

43cm×170cm·丝绸100％·缎纹雪纺绸

无领套装

能充分体现女性温柔气质的蝴蝶结与带有女人味的套装配在一起最合适不过了。45cm×160cm·丝绸100％·雪纺绸

4

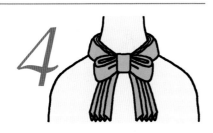

摘掉夹子，整理一下丝巾的形状，将蝴蝶结移到自己喜欢的位置。

Sense Up（魅力"小花招"）

丝巾按长方形折叠法折成4折

如果是比较富有张力的丝巾，与按扇形折叠法相比，折成简单的4折后再系成蝴蝶结，造型会更突出、更漂亮。即使是搭配比较淑女的衣服，也不会显得很幼稚。45cm×143cm·丝绸100％·双绉

精灵结

整体分为三个层次，搭配上富于灵动感，能够提升您的时尚指数。将丝巾垂在最下面的一端搭在肩膀上，给人的感觉立刻为之一变。可以根据当日装束的不同来调整领结。

配针织衫

图案较为单一的几何图形图案的丝巾适合能够突出丝巾流畅线条的系法。38cm × 168cm·聚酯100%

丝巾的系法

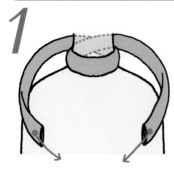

丝巾横向折成3折，将丝巾倒挂在脖子上，丝巾两端在脖颈后交叉后再绕回到前面。

将丝巾两端交叉在一起，把上面的一端拉长。

用较长的一端做个环，把较短的一端自下而上地穿过去。

适合搭配的衣领

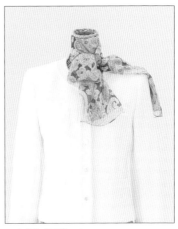

圆领

把丝巾垂在最下面的一端搭在肩膀上，脖领间的丝巾会显得造型小巧。选用质地轻薄的丝巾，轻盈、飘逸，搭配和谐。45cm×160cm·丝绸100%·雪纺绸

方领

把领结移到侧面，能将衣领线衬托得更漂亮。让垂在最下面的一端垂在身后效果也不错。25cm×120cm·丝绸100%·双绉

无领套装

质地较为蓬松的丝巾适合搭配带有淑女风范的无领套装。将垂在最下面的一端搭在肩膀上，轻盈、飘逸。43cm×150cm·丝绸100%·雪纺绸

4

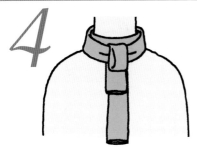

使结好的环垂下来，整理一下丝巾的形状，可以将垂在最下面的一端搭在肩膀上。

脖子上的丝巾或领结太松的话，感觉不利落，所以要一边照镜子一边考虑一下平衡。

Sense Up（魅力"小花招"）

选用带有荷叶边的丝巾

在众多直线条的系法中，此种系法能将人衬托得更为温柔可亲。选用饰有荷叶边的造型可爱的丝巾，显得尤为淡雅，素气。16.5cm×185cm·丝绸100%·杨柳

两端设计成剑尖状的丝巾也适合配有荷叶边。26cm×170cm·丝绸100%·雪纺绸

麻花领带结

这是一款系法较为简单的领带结，只要将丝巾的一端穿过另一端打好结即可。松松的麻花状丝巾更能显示出女性的动人风采。此种系法与最为普通的衬衫搭配在一起非常合适。但同时也可以与许多种衣领样式不同的衣服相搭配，造型多种多样。

配衬衫

比较少见的饰有镶边的长丝巾，会有正方形丝巾一样的感觉。
33cm × 130cm · 丝绸
100% · 双绉

丝巾的系法

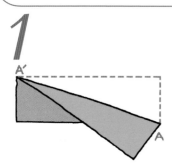

丝巾按对角线折叠。

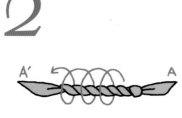

在丝巾全长的1/4处系一个结，另一端拧成麻花状。

将丝巾挂在脖子上，一端穿过另一端的结。

要点

因为丝巾在拧成麻花状之前是按对角线折叠，所以折叠后看起来就像是两端设计成剑尖形状的丝巾一样，富有灵动感。

方领

将结系得稍往下一些，以便能突出方领的开口。选择比较适合淑女打扮的丝巾来搭配吧。28cm×150cm·丝绸100%·雪纺绸

V字领

将结系在V字领的领口下方，丝巾的两端稍微错开一些。43cm×150cm·丝绸100%·斜纹织物

高领

与高领衣服搭配，能够突出丝巾的纵向线条感，较显苗条，也能够使脖颈看起来较细。要选择质地轻薄的丝巾。33cm×130cm·丝绸100%·双绉

Sense Up
（魅力"小花招"）

4

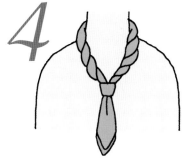

把领结系紧，整理一下丝巾的形状。

要点

领结系得太松，拧成麻花状的丝巾就会松散开来。将领结系紧，会保持住丝巾的原样。

丝巾折成4折

将丝巾按长方形折叠法（参照13页）折成4折后打一个结，另一端不拧成麻花状，直接穿过打好的结。因为没有拧得很细，比较蓬松，所以适合搭配套装与大衣。43cm×158cm·丝绸100%·千鸟提花织物

丝巾在颈间绕两圈

不适合与v字领搭配。脖颈间较为空荡，想将领带结弄的短一些时，可以采用此种系法。丝巾在颈间绕两圈后，再将丝巾的一端穿过打好的结。45cm×160cm·丝绸100%·钱布雷色布

双层环结

从休闲装束到出席宴会的装束，都可以与此款系法相搭配，可以说，搭配的范围很广，丝巾的图案与质地的选择范围也很宽。造型比较简单，可以选择两端设计成剑尖状的丝巾，也可以选择能够成为他人注目焦点的颜色图案的丝巾，会有很好的点缀效果。

配针织衫

两端设计成剑尖形状的丝巾，只要简简单单地在颈间一围，便能够很好地展现女人风情。可以像大方巾按对角折叠法折叠。43cm×128cm·丝绸100%·斜纹织物

丝巾的系法

1

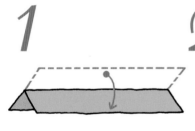

将丝巾折到原宽度的1/2～1/3。

要点

此种系法十分简单，丝巾的宽度不同，感觉也不同，具体的宽度要根据当日的装束与丝巾的种类来决定。

2

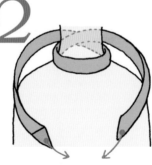

将丝巾从前面倒挂在脖子上，两端在颈后交叉后再绕回到前面。

3

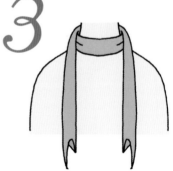

整理一下丝巾的形状。

适合搭配的衣领

圆领

此种系法较有质感，选择排列成线状的圆形图案的丝巾，效果比较好。15cm×168cm·丝绸100%

V字领

丝巾两端垂下来的尖尖的线条与V字领搭配在一起非常合适，可以将丝巾两端稍微错开一些。

15cm×180cm·丝绸100%·缎纹绉纱

衬衫

将衬衫衣扣解开一颗，将丝巾系在衬衫里面。选择质地轻薄的丝巾，可以使脖颈间看起来不那么臃肿。45cm×150cm·丝绸100%·雪纺绸

Sense Up
（魅力"小花招"）

使丝巾垂在身后

搭配后背开领较大的衣服，或是想把正面衣服上的特殊的设计样式露出来时，都可以采取此种系法。丝巾上有装饰物时，要将它露在外面。20cm×165cm·丝绸100%·缎纹织物

丝巾过长时

考虑到搭配的协调性与身体的协调性，丝巾过长时可将丝巾在颈间再绕一圈。丝巾短一些的话效果也会不一样。

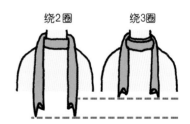

绕2圈　　绕3圈

出席宴会时的丝巾使用方法

丝巾上只要缀有一处简单别致的装饰物，造型就会变得庄重，正式起来。
善加利用丝巾，来精心打造自己的宴会装吧。

佩戴丝巾　建议您使用雪纺绸或质地轻薄的长丝巾。佩戴饰有荷叶边的丝巾感觉比较时尚。采用能够突出丝巾纵向线条的简单系法，会让您看起来既漂亮又可爱。也可以在丝巾上别上胸花或是胸针。

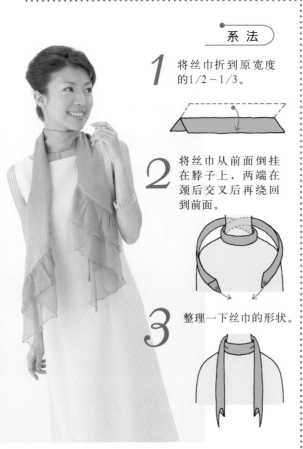

系　法

1 将丝巾折到原宽度的1/2～1/3。

2 将丝巾从前面倒挂在脖子上，两端在颈后交叉后再绕回到前面。

3 整理一下丝巾的形状。

富有光泽的，两端缀有荷叶边的长丝巾佩戴后看起来十分华美。与同色系的连衣裙搭配，造型简单、别致。 15cm×160cm·丝绸100％·缎纹×雪纺绸

系　法

1 丝巾折到原宽度的1/2～1/3，将丝巾挂在脖子上，一端拉长。

2 把丝巾较长的一端搭在另一侧的肩膀上。

3 把丝巾重叠在一起的部分用胸针别住，整理一下丝巾的形状。

质地轻薄的丝巾比较适合出席宴会等场合，要选择佩戴后能够引人注意的颜色，注意胸针的颜色要与连衣裙相配。胸针单独使用不如与丝巾搭配在一起使用效果更好，能够展现您华丽优美的风情。 53cm×160cm·丝绸100％·钱布雷色布

佩戴披肩

披上缀有蕾丝或者天鹅绒的披肩，造型华丽，让您充满成熟女人的韵味。披肩上再饰有圆形小亮片或者珍珠的话，会让您变得更加光艳夺目。

蕾丝的质地，配上分散于披肩各处的圆形小亮片，整条披肩显得非常华美。披肩的颜色如果是非常容易搭配的颜色，那么不管与任何服饰搭配都会演绎出一种华丽优美的风情。与款式简单的连衣裙搭配，会衬托得披肩更为显眼。将肩膀稍微露出来一些，另有一番优雅的风情。

50cm×190cm·表面为聚酯100%·里层为丝绸100%·蕾丝

系法

1 将长方形的披肩以左右长度比为2：1的比例披在肩膀上，然后将长的一端披到另一侧的肩膀上。

2 整理一下披肩的形状。

披肩的花纹图案以透明部分和天鹅绒部分交织在一起织就而成，华美优雅，与黑色的针织衫和百褶裙搭配在一起，再点缀上层次丰富的披肩褶，感觉庄重，正式。55cm×180cm·聚酯100%·提花织物

● 在进餐等时候……

用披肩将两条胳膊包裹住，然后将披肩的两端从腋下绕到背后轻轻地打个结系上。这样将披肩固定住后，行动起来就方便多了。在参加宴会站着进餐时建议您采用此种系法。

设计样式繁多的丝巾

丝巾样式千变万化，只要配以简单的系法，就能够使佩戴者变得活泼生动起来。
不需要刻意去打比较繁杂的结，只要将丝巾简单地围在脖子上即可，
非常适合初学系丝巾的人使用。
找几条丝巾围在脖子上试一试，立刻就会发现它们的不同之处了。

带有荷叶边的丝巾

带有荷叶边的正方形丝巾，质地轻薄，造型比较蓬松的系法也可以用此种丝巾。67cm×67cm·丝绸100％·雪纺绸

长丝巾的两端饰有与丝巾的质地、图案、颜色相同的布料形成的皱褶。淡茶色的色调，适合与品味高雅的服饰相搭配。12cm×170cm·丝绸100％·缎纹织物

两侧饰以荷叶边的小方巾只需要简简单单一围，表情就会立刻生动活泼起来。适合与带有淑女风范的服饰搭配。18cm×130cm·毛70％尼龙20％·提花织物

两条重叠在一起的丝巾

质地轻柔的素色、无花纹图案与有花纹图案的两种样式的丝巾重叠在一起，两端设计成剑尖的形状。装饰胸花可以将围起来的丝巾别在一起。26cm×170cm·丝绸100％·雪纺绸

尾花样式的丝巾

沿着丝巾两端的花型的主题图案，将丝巾两端设计成花状。可以把丝巾简简单单地围在脖子上，两端的尾花露出来，突出整条丝巾的设计。35cm×120cm·丝绸100％·雪纺绸

不需要系结的丝巾

丝巾两端设计成胸花状短丝巾，适合在出席宴会时佩戴。将丝巾挂在脖子上，带有花结的丝巾两端拧在一起即可。15cm×145cm·丝绸100％·雪纺绸×天鹅绒

围在脖子上的部分卷得很细，两端又能充分地展开，因此不需要折叠，只要系上就可以。并且，丝巾上还带有小亮钻的扣式配饰，不需要系，扣上即可。不管是谁都可以用这种丝巾简简单单地塑造出美丽的造型。16cm×125cm·丝绸100％·缎纹雪纺绸

part 4

第四章

佩戴披肩和围巾

披肩和围巾不仅可以用来御寒，
还能成为美丽的装饰。
许多人虽然有数条披肩和围巾，但却只会一种系法。
偶尔也变换一下系法，
享受不同的搭配样式带给您的乐趣吧。
如果搭配效果让您感到满意的话，
心情也会变得温暖起来。

水手结

正方形披肩的基本系法。也可以与大衣搭配在一起。与紧身薄毛衫搭配在一起，既能够御寒又能成为整个搭配的焦点，让人感觉漂亮，可爱。注意不要使领结低于胸部。

配针织衫

粗糙的针织网眼让人感觉温和。白色的披肩是女性日常的必备品。140cm×140cm·开司米100%

披肩的系法

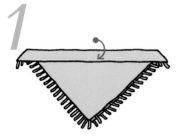

披肩按三角形折叠法（参照14页）折叠，三角形的底边稍向里折一下。

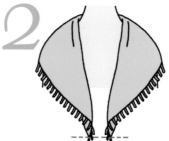

将披肩挂在脖子上，披肩向里折的部分放在内侧，左右两端长度调整一致。

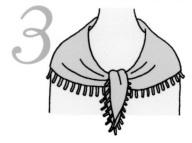

在决定好的高度系一个结，整理一下披肩的形状。

要点

披肩质地较厚，领结系好后，两端如果向左右垂下来的话，领结会比较容易松散，所以最好让两端以前后重叠的方式垂下来。这样看起来效果比较好，领结也不易松散。

适合搭配的衣领

高领

如果想让脖颈处的披肩看起来比较蓬松，可以用比较大的披肩，看起来会比较协调。披肩的网眼较大的话，也会成为搭配的焦点。

125cm×125cm·毛100%

带领套装

将衣领立起来，把披肩系在衣领的下面。披肩质地过厚的话，看起来会比较沉重，所以尽量选用薄一些的披肩。120cm×120cm·开司米50%、丝绸50%

无领套装

披肩把衣领线遮盖住，让人感觉非常温暖。

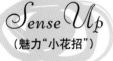

Sense Up
（魅力"小花招"）

披在肩上

把披肩直接披在肩上即可。此种造型比较简单，也不会产生披肩褶。感觉比较冷的时候，可以采用这种装束，简单又方便。

系一个平结

因为披肩的质地较厚，摩擦力较强，所以在前面系一个单结就可以把披肩固定住。系成一个平结的话，披肩就固定得更牢了，且感觉传统、典雅。也可以把披肩结移到侧面。

系两次系成
两个平结

双层三角形肩结

披肩以倾斜的线条铺展在身上，披肩褶较少，露出的面积比较多，搭配起来感觉像穿上套装一样。可以用胸针将披肩别在一起。要选择可以成为他人注目焦点的胸针。

配开襟毛衫·胸针

单色格纹是披肩最为普遍的图案。白色与灰色的组合让人感觉比较柔和。50cm×180cm·开司米100%

披肩的系法

1

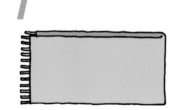

将长方形的披肩纵向对折。

2

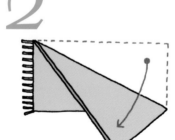

折叠后的披肩按对角线折叠。

3

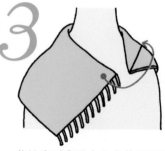

将披肩对角线中心点的部分放在一侧的肩膀上，另一端搭在另一侧肩膀上。

要 点

如果是带有流苏的披肩，要事先想好将流苏垂在前面还是后面，决定以后再系。

适合搭配的衣领

圆领

沿着衣领线整理披肩褶的形状。在肩膀处搭的较多的话，披肩褶也会增多。50cm×180cm·开司米100%·胸针

高领

如果是与薄毛衫搭配，就要选择色彩鲜艳，图案比较富有生气的披肩。胸针的颜色要与披肩中的一个颜色为同色系效果才好。50cm×180cm·毛63%、安哥拉兔毛20%、尼龙17%·胸针

带领套装

尽量避免与较厚的披肩相搭配，要选用质地稍薄的披肩。披肩尺寸较大的话，会产生线条较为缓和的披肩褶。70cm×190cm·开司米100%·胸针

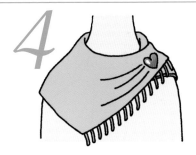

4

将披肩叠在一起的部分用胸针别住，整理一下披肩褶。

Sense Up

（魅力"小花招"）

系一个单结

如果想让造型看起来比较休闲，就不要用胸针，结一个单结，休闲的感觉就会突出了，并且在脖颈附近也会产生披肩褶。建议与脖颈处的造型较为简朴的衣服搭配在一起，这样搭配的话，效果会更好。60cm×180cm·毛98%、尼龙2%

双层颈后结

此种系法披肩造型自然，流畅，能够提高您的时尚指数。因为披肩结系在身后，所以从后面看起来背影也是十分漂亮。与小巧的套装搭配在一起，十分协调。选择质地较薄的披肩，系后不会显得臃肿。

配外套

披肩由素色、无条纹图案与单色格纹两种图案构成，造型多变，使用方便。70cm×200cm·毛68％、丝绸32％

披肩的系法

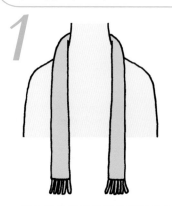

长方形的披肩按长方形折叠法（参照15页）折成4折，将披肩挂在脖子上。

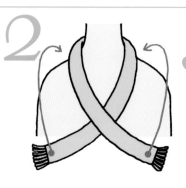

披肩两端在正面交叉后绕到颈后。

后面

在后面系一个单结，整理一下形状。

要 点

不需要刻意将披肩的两端收到一起，使其自然下垂即可。感觉随意，自然。

适合搭配的衣领

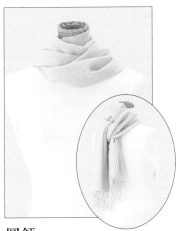

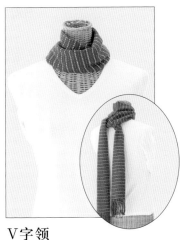

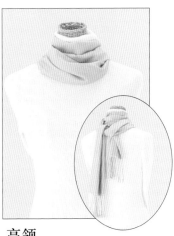

圆领

稍微松一些系，把衣领线都遮掩起来。70cm×180cm·丙烯基100％

V字领

围在脖颈处的披肩弄得造型小巧一些，好让V字领的衣领线都露出来，形象鲜明。50cm×180cm·开司米100％

高领

衣服的高领稍稍露出来一些，能起到装饰点缀的效果。披肩围得太紧，给人一种喘不过气来的感觉，注意不要围得太紧。60cm×180cm·经线 丝绸100％·纬线 开司米100％

Sense Up
（魅力"小花招"）

披肩两端垂在前面

要搭配的衣领很厚或是带有帽子，如果还将结系在身后，看起来不免觉得沉重。将披肩两端垂在胸前，效果就好多了。将披肩倒挂在脖子上，两端在后面交叉后，再绕回到前面即可。50cm×180cm·开司米100％

披肩两端在前面穿过

这是一款给人感觉柔和的休闲的系法，造型小巧别致，还能让脖子感觉很暖和。要选择手感较好的披肩。稍短一些的围巾也可以按照这种方法来系。50cm×180cm·开司米100％

将披肩从前面倒挂在脖子上，披肩两端在颈后交叉后，再绕回到前面，自上而下地由围在脖子上的披肩处穿过。

肩褶结

长方形披肩的固定造型，特点是实用、保暖。同色系的披肩与衣服搭配起来比较容易，看起来时尚高雅。披肩的围法十分简单，质地很厚的披肩也适合此款造型。

配大衣

披肩质地厚实，感觉非常暖和。建议把披肩简简单单地披在大衣外即可。60cm×180cm·丙烯基75％、马海毛14％、聚酯11％

披肩的系法

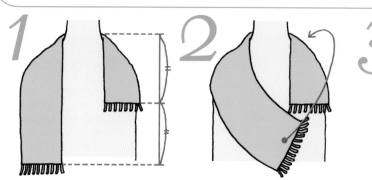

1 将长方形的披肩按左右长度比为2：1的比例披在肩上。

2 一端搭在另一侧肩上。

要点

往肩膀上搭披肩时，如果披肩褶过多的话，整体效果就比较臃肿。注意要把披肩的面露出来。

3 整理一下披肩褶的形状。

适合搭配的衣领

圆领

衣领线看不看得见都没关系。如果是搭配素色的毛衫，最好选择有图案的披肩。70cm×190cm·开司米100%

高领

披肩松一些卷，使衣领露出来，这样感觉比较协调。如果是用质地较厚的披肩，披肩褶多一些也没关系。45cm×180cm·开司米100%

带领套装

披肩松一点卷，使衣领稍微露出来一些。最好搭配质地看起来比较高级的披肩。50cm×180cm·开司米100%

Sense Up
（魅力"小花招"）

在正面围两层

天气较为寒冷时，建议您采用此种方法围披肩。围好后，披肩左右对称，褶也比较少，看起来就像斗篷一样。60cm×180cm·毛98%、尼龙2%

把披肩披在肩上，使左右两端长度一致，披肩两端均向另一侧的肩膀围过去，正面就围了两层。

带皮草的披肩

此种围法造型简单，设计考究的披肩很适合这种围法。图片中的披肩缀有球式的皮草，造型别致，点缀效果好，能够成为别人注目的焦点。50cm×190cm·开司米100%

8字形结

系好的披肩会在胸前留下层次丰富的披肩褶，能给人留下深刻的印象。系法很简单，只是系一个简单的平结，但是因为是以8字形套在脖子上，所以看起来会觉得造型比较复杂。选择质地较薄的披肩，会留下漂亮的披肩褶。与选择和上半身的服装为同色系的披肩相比，从搭配的角度来看，选择能够成为人们注目焦点颜色的披肩，效果会更好。

配开襟毛衫

细密的人字形编织花纹会让披肩褶富有光彩。
60cm×180cm·毛55%、开司米30%、丝绸15%

披肩的系法

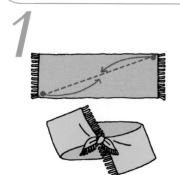

将披肩的一对对角系成一个平结。

将披肩套在脖子上，使系好的平结居于正中央。

披肩整体拧成8字形，将下面的一个环套在脖子上，使平结居于身后。

适合搭配的衣领

圆领

此种系法会将衣领线遮掩住，尽量选择领口开的较小的衣服与之搭配。 50cm×180cm·丝绸50%、毛50%

衬衫

将衣领立起来，披肩系在外面，把衬衫衣扣解开一个。披肩与V字形线条搭配在一起，很漂亮。 70cm×190cm·经线丝绸100%、纬线开司米100%

带领套装

把披肩系在套装的里面，看起来就像里面穿了件罩衫一样。如果套装里面还穿有高领衣服时，要选择与衣领为同色系的披肩来佩戴。 50cm×180cm·开司米70%、丝绸30%

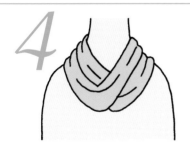

4

把平结放到内侧，整理一下正面披肩褶的形状。

要点

整理披肩褶时，把披肩的两端都放到里面，这样，整体造型会比较漂亮。

Sense Up
（魅力"小花招"）

形成层次错落的图案

使用有晕色花纹图案的披肩，系后造型灵动飘逸，效果别致。披肩具体系法不同，效果印象也不同。把披肩不同对角线上的角系在一起，或是反方向的拧成8字形，这些小细节上的不同作法，会让您的披肩展现出不同的颜色，形成不同的效果。 60cm×180cm·开司米70%、丝绸30%

单层十字结

样式普通的围巾造型，在整体搭配效果上会给您耳目一新的感觉。这种围巾会使脖颈处稍显蓬松，所以在搭配大衣时，要将衣领立起，把围巾系在外面，这样看起来就不会显得臃肿。为避免显得过于孩子气，尽量选择质地比较高级的围巾。

配大衣

配戴彩色格纹图案的开司米质地的围巾显得比较成熟。20cm×145cm·开司米100%

围巾的系法

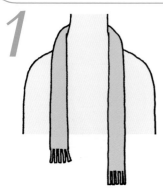

1

将折成适当宽度的围巾挂在脖子上，把一端拉长。

要 点

折围巾时，要把有图案的一面露在外面。

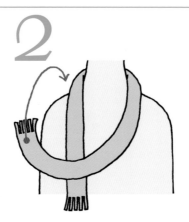

2

把长的一端搭在另一侧的肩膀上。

3

整理一下围巾的形状。

适合搭配的衣领

圆领

圆领衣服的衣领线较为简单朴素，要选择质地富有蓬松感的围巾来搭配。24cm×170cm·开司米100%

V字领

选择图形有棱角的围巾来搭配V字领，适合与质地较为平整的围巾搭配。25cm×170cm·开司米100%

高领

比较高的高领与短一些的围巾搭配在一起比较合适。将围巾松松的围在脖子上，使高领露出来。20cm×140cm·人造丝35%、毛29%、尼龙20%、开司米8%、安哥拉兔毛8%

Sense Up
（魅力"小花招"）

围巾在脖子上绕2圈

想把脖子围得暖和一点的时候，可以缩短围巾垂下来的长度，让围巾再绕一圈。20cm×160cm·毛62%、丙烯基35%、尼龙3%

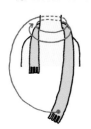

把围巾的一端拉得长一些，然后用这一端围着脖子绕2圈后再让它垂到后面。

2条围巾合到一起使用

素色的围巾适合任何造型，平日可以多买几条，只要颜色不同即可。把2条颜色不同的围巾围在一起。虽然围法很简单，但是造型时尚、别致。粉色围巾：36cm×160cm·丙烯基100% 茶色围巾：30cm×180cm·开司米100%

单结

特点是会突出系在正面的单结的蓬松感，给人感觉活泼、积极、热情。式样简单的针织衫，配以多色的粗呢似的手感粗糙的围巾，装饰效果非常好。结既不要系得过紧也不要系得过松，要松紧适度。

配针织衫

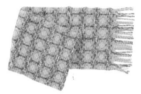

围巾的质地颜色丰富多样，搭配范围广，使用方便。25cm × 160cm，羊毛66%、丙烯基24%、尼龙5%、聚酯5%

围巾的系法

1

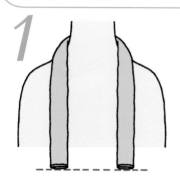

将折成适当宽度的围巾挂在脖子上，将围巾左右长度调整一致。

2

在正面折一个单结。

要 点

围巾紧贴着脖子系的话，会显得比较臃肿，不协调，所以结要系得松一些。

3

整理一下围巾的形状。

适合搭配的衣领

衬衫
选用质地薄一些的围巾来搭配比较协调。28cm×140cm·开司米100％

带领套装
将衣领立起来，围巾系在外面。用素色的设计简单的围巾来搭配，时尚高雅。28cm×170cm·毛72％、安哥拉兔毛8％、尼龙17％、人造丝2％、聚酯2％

无领套装
选择与套装质地的手感相近的围巾来搭配。如果是搭配具有淑女风范的套装，建议您选用色调柔和的格纹状围巾。36cm×180cm·毛100％

Sense Up
（魅力"小花招"）

围巾的一端缠绕两次

围巾的两端如果带有小装饰物，在系完一个单结后，可以让围巾的一端从刚刚系好的单结绕过去。这样一来，垂下来的围巾就会变短，整条围巾都会集中在脸附近的位置，围巾上的小装饰物就能起到很好的点缀装饰作用了。图片中所使用的是缀有珍珠形串珠的围巾。60cm×180cm·开司米50％、毛50％

围巾两端一前一后地搭在身上

如果想把上衣正面的特殊的设计露出来的话，可以把单结移到侧面，使围巾的两端一前一后地垂在身上。如果是带领的上衣，就把衣领立起来，围巾系在外面。如果能在正面做出线条平缓的围巾褶，造型就会更漂亮了。65cm×110cm·经线丝绸100％、纬线开司米100％

将围巾挂在脖子上。一端拉长。系一个单结，使长的一端从上面垂下来。如图所示，用长的一端自下而上地绕过刚刚系好的单结即可。

双层环结

此种系法会将围巾的两端都垂在前面，所以最好选用两端经过特殊设计的围巾，效果会更突出。造型简单，搭配范围广。淡粉色的针织衫配上白色的围巾，色调搭配柔和，看起来很漂亮。

配针织衫

围巾的两端饰有闪闪发光的小亮钻。只需把围巾简简单单地围起来，整体感觉就会变得活泼生动。20cm×140cm，毛70%、安哥拉毛20%、尼龙10%

围巾的系法

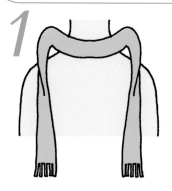

把折成适当宽度的围巾从前面倒挂在脖子上。

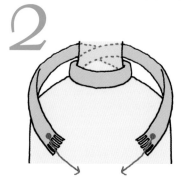

围巾两端在颈后交叉后再绕回到前面。

整理一下围巾的形状。

 要点

最后整理围巾形状的时候，要把压在脖颈处的围巾压平整。尤其是质地较厚的围巾，压平整后就不会显得很臃肿了。

适合搭配的衣领

圆领

将围巾两端的长度错开，风格自然。两端的镶边花纹将围巾的造型衬托得更为生动。23cm×180cm·丙烯基70%、毛30%

高领

选用质地薄一些的围巾，围后不会显得臃肿。围的松一些将衣领露出来一小部分。19cm×160cm·丙烯基100%

带领套装

可以将套装的风格衬托得较为休闲。选用手感较为粗糙、风格质朴、自然的围巾来佩戴。13cm×160cm·聚丙烯基42%、马海毛30%、尼龙28%

Sense Up
（魅力"小花招"）

用胸针把围巾的两端别在一起

把垂在胸前的围巾的两端重叠在一起，用胸针别住。感觉端庄。16cm×120cm·开司米100%

长围巾

这是非常适合长围巾的系法。超短裙+长围巾，或是长裤+长围巾都是很好的搭配组合。与领口处较为平整的衣服搭配在一起比较合适。12cm×190cm·羊驼呢50%、丙烯基50%

双层侧领结

此种系法既适合休闲的打扮，也适合正式端庄的打扮，特点是造型小巧，容易搭配。与端庄严谨的套装相配，可以增加一丝可爱的感觉。

配套装

素色的围巾是调节服饰颜色变化的必备之品。30cm×180cm，开司米100％

围巾的系法

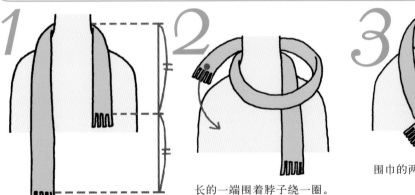

1 将折成适当宽度的围巾挂在脖子上，然后将一端拉长。

2 长的一端围着脖子绕一圈。

要点
脖颈处的围巾容易显得臃肿，所以要一边将围巾压平整了，一边仔细小心地围。

3 围巾的两端在前面打个单结。

适合搭配的衣服

圆领

适合做休闲打扮。单色的格状条纹围巾会为你增添一些成熟韵味。30cmX160cm·开司米100%

V字领

围巾系后要使V字领露出来。如果衣领的领口开的较浅，可以让围巾围着衣领线松松地系。30cmX180cm·开司米100%

高领

短一些的围巾系后造型小巧，整体搭配比较协调。30cmX160cm·开司米100%

4

将领结移到自己喜欢的位置。

Sense Up

（魅力"小花招"）

用胸花将围巾两端别在一起

不用系结，用胸花将围巾叠在一起的部分别住即可，效果也非常好。根据围巾来选择合适的小配饰，用大的胸针来别也可以。30cmX180cm·开司米100%胸花

单环结

非常容易系的简单造型。单环结造型不易松散，围巾垂下来的两端也不长，建议您参加活动的时候选用此种系法。可以系在针织衫的外面，大衣的里面。尽量避免使用质地过厚的围巾。

配针织衫

同色系的粗线条图案让人感觉柔和，也适合与浪漫的休闲造型相搭配。30cm×160cm·开司米100％

围巾的系法

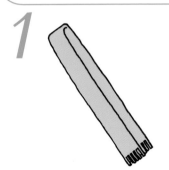

1

将折成适当宽度的围巾对折。

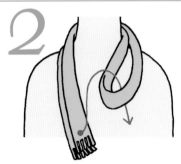

2

将折过的围巾挂在脖子上，把围巾的两端穿过另一侧的环。

3

整理一下围巾的形状。

要点

如果用力拉围巾两端的话，系好的形状就会松散。一边保持围巾环的形状，一边仔细整理。

适合搭配的衣领

V字领

系后的围巾与V字领都是相同的线条，搭配在一起非常合适。与领口开得较深的对襟毛衫搭配在一起也很合适。30cm×180cm·开司米100%

高领

整理一下围巾，不要让它出现围巾褶，脖领就不会显得臃肿。不要与半高领衣服搭配。30cm×180cm·开司米98%·尼龙2%

带领套装

将围巾折得细一些，配戴后看起来端庄，严谨。选用图案较小一些的围巾来配戴，效果比较好。30cm×160cm·开司米100%

Sense Up
（魅力"小花招"）

围巾拧成麻花状后再系

突出显示了围巾的麻花状线条，造型富有意趣。拧围巾的强度不同，系后效果也不同。50cm×182cm·开司米100%

围巾不折直接系

不把围巾的宽度折细，直接对折来系，自然产生的围巾褶看起来十分的华丽。适合选用质地较薄的素色的围巾。
30cm×180cm·开司米100%

定好围巾的宽度，把围巾拧成麻花状。然后把围巾对折合成一股。

双层十字结

脖颈间的围巾线条复杂，特点是感觉非常温暖，结不容易松散。系法虽然有一点难度，但是可以为单调的冬季服装搭配增添一抹亮彩。围巾质地过厚的话不太容易系，过薄的话又不能成形，要注意选择质地薄厚适宜的围巾。

带有多种条状图案的围巾既休闲，又不会显得过于随意。
25cmX170cm·开司米100%

围巾的系法

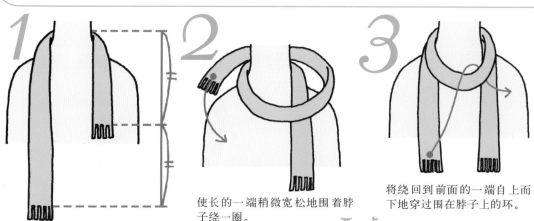

1 将折成适当宽度的围巾围在脖子上，把一端拉长。

2 使长的一端稍微宽松地围着脖子绕一圈。

3 将绕回到前面的一端自上而下地穿过围在脖子上的环。

要点

步骤2、3所做的环，之后都会有围巾的一端穿过，所以不要拉得太紧。松一些，系成后的围巾造型就会很漂亮。

适合搭配的衣领

圆领

适合与式样传统、简单的针织衫相配。如果是素色的围巾，也适合与带有镶边花纹的针织衫相搭配。30cm×180cm·开司米100％

V字领

系得紧一些，造型会显得很小巧，整体感觉线条流畅。30cm×160cm·开司米100％

高领

搭配薄针织衫的话，就把围巾系得小巧一些。搭配厚针织衫的话，就把围巾系得松一些。这样整体效果比较协调。36cm×160cm·丙烯基100％

Sense Up

（魅力"小花招"）

把围巾系法的最后一步改一下

将围巾仔细的卷在脖子上，不要让折好的形状松散开，这样就不会把围巾褶和一些小褶皱压平，感觉高雅，有品位。31cm×156cm·开司米100％

在步骤4中，将现在围巾较长的一端从A的上面，B的下面穿过去。然后垂在身后。

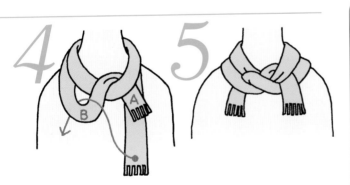

如图所示，另一端放在A的下面，然后自上而下的从B穿过。

整理一下围巾的形状。

丝巾的其他装饰法

丝巾除了能系在脖子上，还有其他许多用法。
可以将丝巾围在头上或是帽子上，也可以将丝巾系在手提包上，
或将丝巾系在腰上当腰带用。
除了在本书中向您介绍的方法，
您还可以尝试将丝巾系在手腕上，或是用丝巾来绑头发等许多用法，
快去尝试灵活使用丝巾，扩大丝巾的搭配范围吧。

装饰帽子

将丝巾系在有帽沿的帽子上，可以演绎从休闲到淑女的多种风情。最好使用细长的长丝巾，系起来比较方便。如果是正方形丝巾，可以将丝巾按对角折叠法折叠后再系。注意，丝巾的颜色要与身上衣服的颜色中的一个颜色为同色系。15cm×180cm·丝绸100%·缎纹绉纱/帽子/针织衫

系法

1 丝巾按长方形折叠法（参照15页）折叠，把丝巾缠在帽子上，长丝巾的话可以缠绕2圈。

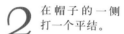

2 在帽子的一侧打一个平结。

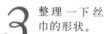

3 整理一下丝巾的形状。

装饰手提包

用丝巾来装饰手提包，丝巾可以成为手提包上的一个亮点，整体感觉柔和。如果手提包很小，丝巾要系得小巧一些。如果手提包比较大，就要采用能让丝巾显得比较蓬松的系法来系，这样，整体效果会比较协调。手提包的颜色与丝巾众多颜色中的一个颜色为同色系的话，搭配在一起比较合适。53cm×53cm·丝绸100%·斜纹织物/手提包/针织衫/裙子

系法

1 丝巾按对角折叠法（参照14页）折叠，将丝巾挂在手提包的带子底部，两端交叉后系一个单结。

2 整理一下丝巾的形状，如果丝巾比较长，可以将丝巾系成蝴蝶结。

做饰带

与腰带比起来更加女性化，比链式腰带的装饰性还要强。与平日的休闲装束相配，可以为您平添几分女人味。选用质地富有张力的大方巾或长丝巾，能给人留下鲜明的印象。选择能够成为亮点颜色的丝巾，能把您衬托得更为纤细。88cm×88cm·丝绸100％·斜纹织物／女衫／／牛仔裤

系 法

1 丝巾按对角折叠法（参照14页）折叠，将丝巾缠绕在裤子平时系腰带的部位。

2 两端在斜前方打一个平结。

3 整理一下丝巾的形状。

做发饰

将头发完全包住的造型，这是60~70年代的女演员常采用的造型。简单的装束搭配上丝巾发饰，会让丝巾成为整个造型的焦点。图案比较艳丽的丝巾会被衬托得比较高雅，将额头包住一半的系法效果也不错。

系 法

1 丝巾按三角形折叠法(参照14页)折叠，用丝巾把头包住，在太阳穴的附近先别上两个小夹子，把丝巾固定住。

2 把丝巾的两端拧成麻花状，在头发下面交叉而过。

3 把压住三角形部分两端系成一个单结。

4 然后再系成蝴蝶结。

5 整理一下丝巾的形状，摘掉别在丝巾上的小夹子。

丝巾在旅行途中也能被广泛使用

想使旅行中的行李简单轻便的话，丝巾是不错的选择。
轻盈小巧且不占地方，功用又多。
在包里放上1~2条丝巾，尽情点缀旅行途中的时尚造型吧。

乘坐交通工具感到寒冷的时候……

在电车或飞机等交通工具上坐久了的话，有时会感到很冷。尤其对怕冷的女士来说，这是一件很麻烦的事。这时，只要将丝巾盖在身上，就不会感到那么冷了。如果是尺寸很大的长丝巾，还可以把身上从肩到脚的地方都盖住，比起带上一件开襟毛衫出门旅行还要方便。

可以把污渍遮掩住……

吃饭的时候如果不小心把衣服弄脏了，即使马上对污渍进行简单的处理，还是会留下一些痕迹。这时，只要戴上丝巾，把丝巾宽一些展开，就可以把污渍遮掩住。

扩大搭配的范围

如果是只住一宿的旅行，只要带上一套换洗的衣服就可以了。如果旅行的时间超过一周以上，就需要多带几套衣服了。同样，丝巾也需要多带1~2条。即使是同样的衣服，只要搭配不同的丝巾，感觉也会完全不一样。出入高级餐厅时，用丝巾来搭配款式简单的连衣裙，能够演绎出一种优雅风情。把丝巾包在头上或是系在手提包上，可以丰富旅行中的搭配造型。

根据衣领来寻找
合适的搭配

可以根据衣领式样的不同，
来找出最合适的系法。
打开自己喜欢的系法的那页，
精心打造自己的造型。

圆领

小方巾 单结…P22

小方巾 水手结…P24

小方巾 蝴蝶结…P26

小方巾 牛仔结…P28

小方巾 蝉形阔领带结…P34

小方巾 麻花结…P36

大方巾 三角形散褶结…P66

小方巾 小丑结…P40	大方巾 蝴蝶结…P46
大方巾 平结…P48	

大方巾 蔷薇结…P78

大方巾 小丑结…P54

大方巾 彼得潘结…P56

大方巾 单翼蝴蝶结…P60

大方巾 翻领结…P64

大方巾 单侧缠绕结…P68

大方巾 鱼尾结…P76

围巾 单结…P114

大方巾 简洁三角形结…P80

长丝巾 单结…P86

长丝巾 麻花环形结…P88

长丝巾 褶形蝴蝶结…P90	长丝巾 精灵结…P92	长丝巾 双层环结…P96	披肩 双层三角形肩结…P104
披肩 双层颈后结…P106	披肩 肩褶结…P108	披肩 8字形结…P110	围巾 单层十字结…P112
围巾 双层环结…P116	围巾 双层侧领结…P118		
围巾 双层十字结…P122		围巾 单环结…P120	

小方巾　麻花结…P36

小方巾　小丑结…P40

大方巾　蝴蝶结…P46

小方巾　平结…P22

小方巾　蝴蝶结…P26

小方巾　环形蝴蝶结…P32

小方巾　环形结…P38

小方巾　小丑结…P40

大方巾　平结…P48

大方巾　领带结…P50

大方巾　单翼蝴蝶结…P60

大方巾　链形褶结…P72

大方巾　项链结…P62

大方巾　蔷薇结…P78

长丝巾　单结…P86

大方巾 鱼尾结…P76

长丝巾 褶形蝴蝶结…P90

长丝巾 精灵结…P92

长丝巾 麻花环形结…P88

长丝巾 精灵结…P92

长丝巾 麻花领带结…P94

小方巾 环形结…P38

大方巾 单结…P48

大方巾 单侧缠绕结…P68

V字领

小方巾 平结…P22	小方巾 水手结…P24	小方巾 蝴蝶结…P26
大方巾 双层环形结…P70		
小方巾 环形蝴蝶结…P32	小方巾 麻花结…P36	大方巾 蝴蝶结…P46
长丝巾 单结…P86		
大方巾 牛仔结…P52	大方巾 彼得潘结…P56	大方巾 蝉形宽领带结…P58
长丝巾 麻花环形结…P88	大方巾 单翼蝴蝶结…P60	大方巾 项链结…P62	大方巾 翻领结…P64

大方巾 三角形散褶结…P66	大方巾 三角形环形结…P74	大方巾 蔷薇结…P78
长丝巾 褶形蝴蝶结…P90	长丝巾 麻花领带结…P94	长丝巾 双层环结…P96
披肩 双层颈后结…P106	围巾 单层十字结…P112	围巾 双层侧领结…P118
围巾 单环结…P120	围巾 双层十字结…P122	

披肩 水手结…P102

围巾 双层环结…P116

高领

小方巾 牛仔结…P28	

小方巾 领带结…P30

小方巾 环形结…P38

大方巾 平结…P48

大方巾 领带结…P50

大方巾 牛仔结…P52

大方巾 小丑结…P54

大方巾 彼得潘结…P56

大方巾 三角形散褶结…P66

大方巾 单侧缠绕结…P68

大方巾 链形褶结…P72

大方巾 简洁三角形结…P80

大方巾 三角形环形结…P74

大方巾 鱼尾结…P76

长丝巾 麻花领带结…P94

披肩 水手结…P102

披肩 双层三角形肩结
…P104

披肩 双层颈后结…P106

披肩 肩褶结…P108

围巾 单层十字结…P112

围巾 双层环结…P116

围巾 双层侧领结…P118

围巾 单环结…P120

围巾 双层十字结…P122

衬衫

小方巾 平结…P22

小方巾 领带结…P30

衬衫

小方巾　牛仔结…P28

小方巾　环形蝴蝶结…P32

小方巾　麻花结…P36

小方巾　蝉形宽领带结…P34

小方巾　环形结…P38

大方巾　蝴蝶结…P46

大方巾　牛仔结…P52

大方巾　领带结…P50

大方巾　项链结…P62

大方巾　三角形散褶结…P66

大方巾　双层环形结…P70

大方巾　蝉形宽领带结
…P58

大方巾　蔷薇结…P78

大方巾　简洁三角形结
…P80

长丝巾　单结…P86

大方巾 翻领结…P64

长丝巾 麻花环形结…P88

大方巾 单翼蝴蝶结…P60

大方巾 三角形环形结…P74

长丝巾 双层环结…P96

披肩 8字形结…P110

披肩 双层颈后结…P106

长丝巾 麻花领带结…P94

围巾 单结…P114

披肩 肩褶结…P108

围巾 单层十字结…P112

围巾 双层侧领结…P118

围巾 双层十字结…P122

小方巾 牛仔结…P28

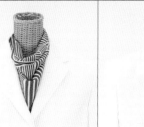

小方巾 蝉形阔领带结…P34

大方巾 小丑结…P54

大方巾 蝉形阔领带结…P58

大方巾 翻领结…P64

大方巾 单侧缠绕结…P68

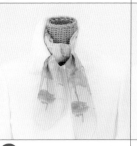

大方巾 双层环形结…P70

大方巾 链形褶结…P72

大方巾 简洁三角形结…P80

披肩 水手结…P102

披肩 双层三角形肩结…P104

披肩 肩褶结…P108

（披肩）8字形结…P110

（小方巾）蝉形宽领带结…P34

（小方巾）小丑结…P40

（大方巾）蝉形宽领带结…P58

（围巾）单结…P114

（大方巾）三角形环形结…P74

（大方巾）鱼尾结…P76

（大方巾）项链结…P62

（围巾）双层环结…P116

（长丝巾）褶形蝴蝶结…P90

（长丝巾）精灵结…P92

（围巾）单环结…P120

（披肩）水手结…P102

（围巾）单结…P114

属于自己的独一无二的丝巾

虽然市面上的丝巾种类已经十分繁多，
但是不妨试着亲手做一条款式与众不同的、独一无二的丝巾。
从丝巾的质地，到各种搭配，都会让您体会到一种非常的快乐。

● 基本做法

可以做成正方形、长方形、两端为剑尖形状的丝巾，要根据形状来选择材质。选择宽度为90cm的布匹来做正方形丝巾的话，就可以做成尺寸大小为88cm×88cm的大方巾。

1 剪裁

参考8～9页的正方形、长方形、两端为剑尖形状的丝巾，决定形状和大小后剪裁，注意要留下1cm宽的窝边宽度，然后把各角剪成L字形。这样，在把窝边折成3折时，各角就不会显得过厚。

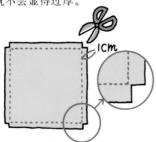

2 折成3折后用熨斗烫

窝边折成3折后用熨斗烫平，然后用细细的绷针把烫好的窝边别住。熨斗的温度要保持在材质所能承受的温度以下，注意不要把布料烫坏了。

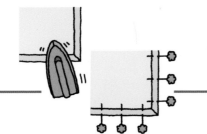

3 锁边

锁边时即可以用缝纫机缝也可以用手缝。如果是做两端为剑尖形状的丝巾，由于布料斜的部分容易向上滑，所以建议您最好用手缝。

A 机缝

采用直线缝的方法来缝折成3折的窝边部分。如果缝纫机专门有锁边的功能，可以用这个功能来缝。如果布料的材质是蝉翼纱或是雪纺绸的话，可以用锁边缝纫机来缝。

B 包缝（手缝）

1 将打过结的线穿过如图所示的地方，然后将针穿过斜前方的窝边的最下层。

1～2
脱线

2 将针自下而上的穿过窝边，针眼的间距是5mm。

5mm

3 再将针穿过斜前方的窝边的下层，然后重复上述步骤来缝。

刺绣绘图样

1 把丝巾、划粉纸、实际大小的图样按照由下而上的顺序叠放在一起，然后用刮刀描图样，使图样印到丝巾上。

2 使用刺绣用的线沿着图样来绣。针眼间隔是3mm，直着绣。注意绣针穿过丝巾时要直进直出，这样丝巾背面绣出来的图案也会显得很漂亮。

3 在螺旋状花纹中间，用几种不同颜色的线打个结穿过丝巾，然后在穿过的一面再打个结，把线剪了。根据整体图案的设计，可以在多个地方这样打结。

在丝巾上粘小亮钻

1 把丝巾、划粉纸、实际大小的图样按照由下而上的顺序叠放在一起，然后用刮刀描图样，使图样印到丝巾上。

2 按照图样在丝巾的一角或两端用粘合剂粘上小亮钻（串珠也可以）。

3 要从整个图样的两端、中心同时开始粘小亮钻，这样，粘后图样的整体效果会比较协调。因为有时小亮钻的数量有限，如果单从一端开始粘的话，很可能还没有粘完图样，小亮钻就已经用完了。所以要注意一下。

缀布拼图法

将质地、图案花纹各不相同的各种布料拼在一起的方法。使用做和服的布料来拼缝，效果也不错。注意拼缝在一起的各种布料的厚度要一致。缝的时候不用将窝边宽度缝出来，缝好后要做一个衬里。

缀上荷叶边

在长丝巾的两端缀上荷叶边，整体感觉华美。可以用和丝巾的材质完全相同的布料来做，也可以用同色系的质地轻柔的布料来做。把丝巾的两端缝好以后，就可以往上缀荷叶边了。缝的时候要注意缝出褶襞来。

染色

用自己喜欢的颜色来染丝巾。化学染、草木染、利用模绘板来绘图染等，染色的方法可谓多种多样。用模绘板的话，既可以将整条丝巾都绘上花纹图案，也可以只在一角绘上花纹图案。

丝巾保养和收藏的小窍门

小贴士 丝巾日常的保养，整理方法是十分重要的。保养得当，佩戴的效果才好。
如果在佩戴丝巾时，发现丝巾上有污渍或是褶皱的话，就不能使用了。
平日在佩戴丝巾过后，要注意检查一下丝巾有没有污渍。一定要仔细小心地收藏丝巾。

除污渍

污渍分为水溶性和油性2种，性质不同，除污渍的方法也不同。请按照下表来做。无论是对外出时污渍的紧急处理，还是对在家进行的污渍处理，抓紧时间快速处理都是去除污渍的关键。用稀释过的洗剂或是汽油在丝巾背面的一角轻轻地擦拭，看看是否适合丝巾的质地。如果与丝巾的质地不合的话，要送去洗衣店清洗。

	水溶性	油性
污渍的种类	水性墨水·酱油·（西餐用）调味汁·茶渍·咖啡·果汁·血渍等	粉底霜·口红·油渍·咖喱·番茄酱·冰淇淋·蜡笔等
外出时的紧急处理	将面巾纸按压在污渍处，把污渍吸出来，然后用拧紧的毛巾等在背面轻拍丝巾。	用面巾纸轻沾污渍处，注意不要擦丝巾或是揉丝巾。
在家的处理	把丝巾放在干净的毛巾上，有污渍的一面放到下面。把4~5根棉棒绑到一起，吸水后用棉棒轻压污渍处。污渍用水除不掉时，可用棉棒蘸取少量的中性洗剂。清洗要彻底，污渍的边缘处也要洗干净。洗完后，再用吸过水的棉棒轻压丝巾一次。	把丝巾放在干净的毛巾上，有污渍的一面放到下面。把4~5根棉棒绑到一起，蘸少许轻汽油后用棉棒轻压污渍处。污渍去除得差不多的时候，按照左侧去除水溶性污渍的办法继续清洗。

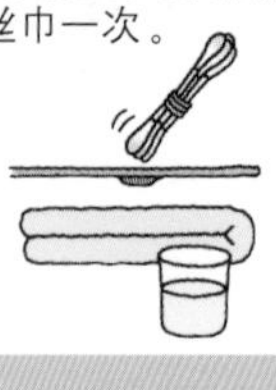

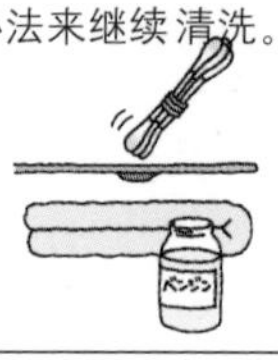

洗涤方法

丝绸的基本洗涤方法是干洗。现在市面上也售有洗衣店用的洗剂，经常使用的丝巾自己在家手洗就可以。

1 用洗衣店使用的洗剂来清洗。倒一点洗剂在白布上，然后用白布轻擦丝巾的边角处，看看是否会造成褪色。如果褪色的话，就将丝巾送到洗衣店去清洗。

2 将洗剂倒入冷水或是30度的以下的温水中，待洗剂充分溶解后，将丝巾浸入水中，采用在水中快速晃动丝巾的方式来清洗。然后换2次清水再洗，洗法同上。

3 将衣物柔顺剂和浆洗剂倒入冷水或是30度的以下的温水中，待衣物柔顺剂和浆洗剂充分溶解后将丝巾浸入水中。

4 把丝巾夹在毛巾中，把水分吸出。
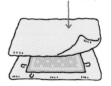

5 用熨斗来熨半干的丝巾。最好不要用喷气式熨斗。丝巾背面朝上平摊开，将温度调节为中温，由丝巾中心开始横向地向两边熨。注意不要把丝巾边熨得太平了。

丝巾的收藏

为了便于穿衣时的搭配，最好将丝巾收在衣服的旁边。如果有数条丝巾的话，收丝巾时要使每条丝巾的图案露出来一部分。这样在找丝巾的时候，就不用一条一条地打开看了。非常方便。现在向您介绍几种收藏丝巾的办法供您参考。

挂在毛巾架上

在壁橱、衣柜的门上或侧面粘一个毛巾架，可以挂3～5条丝巾。不用丝巾的时候，将丝巾折得小一些。选丝巾的时候，只要将架一个一个错开就能看清丝巾的样子，非常方便。

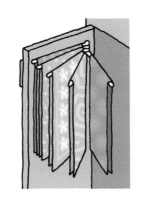

挂在裤架上

一个裤架可以挂数条丝巾。建议用这种衣架挂套装的人也可以用它来挂丝巾。

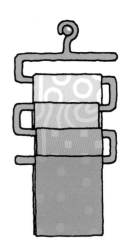

装入录像带盒内

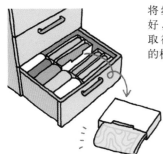

将丝巾按录像带大小折叠好，放入录像带盒内。抽取很方便，还可以将丝巾的标签等一起放入盒内。

去除商标的方法

丝巾的商标一般都标有商品名称和丝巾的材质等，通过商标我们可以了解丝巾的洗涤、保养方法等，非常方便。但是佩戴丝巾的时候要是把商标露到外面就不好看了。商标一般都是缝在丝巾的窝边里的，所以不好弄下来。如果能仔细小心的处理的话，也能把商标弄下来，而且看起来也不明显。首先，先把商标贴边剪下来，不擅长针线活的人做到这里就可以了，手比较灵巧的人可以继续往下做。把夹在窝边处的商标部分用剪刀纵向的轻轻地剪开，

然后用手把纤维解开，把线拔出来就可以了。拔不出来的话可以用发夹的尖端把线挑到接缝里面去，使之不漏出来就可以了。

放入塑料文件袋中

一个透明的塑料文件袋可以放一条丝巾，丝巾的标签等可以一起放进去，特点是携带方便。如果塑料文件袋不放入衣柜里的话，不要忘了在文件袋中放上防虫剂。

图书在版编目（CIP）数据

丝巾、披肩、围巾的系法 ／（日）和田洋美著；杜
娜译. -- 北京 ： 中国民族摄影艺术出版社，2012.12
（阳光女性系列）
ISBN 978-7-5122-0334-1

Ⅰ．①丝⋯ Ⅱ．①和⋯ ②杜⋯ Ⅲ．①围巾－服饰美
学 Ⅳ．①TS941.72

中国版本图书馆CIP数据核字(2012)第270464号

TITLE：［スカーフ・ストール・マフラーの結び方］
BY：［和田洋美］
Copyright © IKEDA PUBLISHING CO.,LTD.2004

Original Japanese language edition published by IKEDA PUBLISHING CO., LTD.

All rights reserved. No part of this book may be reproduced in any form without the written permission of the publisher.

Chinese translation rights arranged with IKEDA PUBLISHING CO., LTD.

Tokyo through Nippon Shuppan Hanbai Inc.

本书由日本株式会社池田书店授权北京书中缘图书有限公司出品并由中国民族摄影艺术出版社在中国范围内
独家出版本书中文简体字版本。
版权所有，翻印必究
著作权合同登记号：图字 01-2012-8450

策划制作：北京书中缘咨询有限公司（www.booklink.com.cn）
总 策 划：陈 庆
策 　 划：李 伟
封面设计：季传亮

书 　 名：丝巾、披肩、围巾的系法
作 　 者：（日）和田洋美
译 　 者：杜 娜
责 　 编：张 宇
出 　 版：中国民族摄影艺术出版社
地 　 址：北京东城区和平里北街14号（100013）
发 　 行：010-64211754 84250639 64906396
网 　 址：http://www.chinamzsy.com
印 　 刷：北京利丰雅高长城印刷有限公司
开 　 本：1/24 787mm×1092 mm
印 　 张：6
字 　 数：100千字
版 　 次：2014年12月第1版第3次印刷
ISBN 978-7-5122-0334-1
定 　 价：32.00元